BEI GRIN MACHT SICH IHR WISSEN BEZAHLT

- Wir veröffentlichen Ihre Hausarbeit,
  Bachelor- und Masterarbeit

- Ihr eigenes eBook und Buch -
  weltweit in allen wichtigen Shops

- Verdienen Sie an jedem Verkauf

Jetzt bei www.GRIN.com hochladen
und kostenlos publizieren

Lena Groß

ISS O ISS! Eine Hilfestellung für Angehörige zum angemessenen Umgang mit Anorexia Nervosa

Aufklärung zum Thema Magersucht incl. Erstellung eines Informationsflyers zum Thema „Anorexia Nervosa"

GRIN Verlag

Bibliografische Information der Deutschen Nationalbibliothek:

Die Deutsche Bibliothek verzeichnet diese Publikation in der Deutschen National-
bibliografie; detaillierte bibliografische Daten sind im Internet über http://dnb.d-
nb.de/ abrufbar.

Impressum:

Copyright © 2009 GRIN Verlag GmbH
Druck und Bindung: Books on Demand GmbH, Norderstedt Germany
ISBN: 978-3-656-61339-8

Dieses Buch bei GRIN:

http://www.grin.com/de/e-book/269481/iss-o-iss-eine-hilfestellung-fuer-angehoerige-
zum-angemessenen-umgang

Besondere Lernleistung
2009

Erstellen eines Informationsflyers zum Thema

„Anorexia Nervosa"

Mögliche Hilfestellung für Angehörige zum angemessenen Umgang mit Magersucht

Verfasser:	Lena Groß
Referenzfächer:	Bildende Kunst, Biologie

1 Kurzfassung

Nach intensiver Auseinandersetzung mit der Frage, wie man sich in der Gegenwart von Magersüchtigen korrekt verhalten sollte, gelangten wir schnell zu der Überzeugung, dass sich viele Menschen in keinster Weise über die Problematik dieser Krankheit bewusst sind und somit großer Aufklärungsbedarf in der Bevölkerung besteht.[1] Um diese Auffassung bestätigen zu können, wurde im Rahmen der vorliegen Arbeit in Koblenz eine Umfrage zu den Erfahrungen betroffener Angehöriger[2] und dem allgemeinen Wissensstand im Umgang mit der Magersucht und deren tödlichen Folgen durchgeführt. Diese Umfrage, die in Anlehnung an die Methode einer empirischen Sozialforschung durchgeführt wurde, bestätigte die oben aufgeführte These. Demzufolge wurde die Notwendigkeit einer weiterführenden Arbeit und der vorgesehenen Entwicklung eines Informationsflyers[3] zu diesem Sachverhalt eindeutig bestätigt.

Der im Rahmen dieser Arbeit entwickelte Informationsflyer soll insbesondere die Angehörigen der Betroffenen informieren, über das Krankheitsbild der Magersucht aufklären sowie eine angemessene Hilfeleistung im Bedarfsfall ermöglichen.

Für die Ermittlung des Inhalts des Flyers wurden Interviews mit an Magersucht erkrankten Personen durchgeführt, welche auf persönliche Definitionen der Krankheit sowie auf die aus ihrer Sicht wünschenswerten Reaktionen ihrer Angehörigen abzielten. Die Antworten inspirierten uns schließlich bei der Erstellung des visuellen Konzepts zu meinem Informationsflyer.
Nach dem Entwurf eines „Flyer-Dummies"[4] setzten wir unsere Ideen durch fotografische Aufnahmen und anschließende Bildbearbeitung nach und nach in die Tat um, wobei besonderen Wert auf die visuelle Aussagekraft des Flyers gelegt wurde.

Das Ergebnis soll Schulen und anderen interessierten Institutionen als Aufklärungsmaterial zur Verfügung gestellt werden, um zu einem positiveren Umgang mit der Krankheit Anorexia Nervosa beizutragen.

---

[1] .Aufgrund einer befreundeten Mitschülerin, die mir bei dieser Arbeit stets zur Seite stand, ist die gesamte Arbeit in der „wir"-Form geschrieben. Sie möchte aus persönlichen Gründen allerdings nicht genannt werden und distanziert sich von jeglichen Ansprüchen/Rechten auf diese Arbeit.
[2] Der Begriff Angehöriger beinhaltet Bekannte, Freunde, Arbeitskollegen, Lehrer und alle anderen, die passive Erfahrungen mit Magersucht machen/gemacht haben.
[3] Der Informationsflyer wird als eine kleine Broschüre, die einem Faltblatt ähnelt, definiert. Der genaue Aufbau ist in Kapitel 5.2 dargestellt.
[4] Der „Flyer-Dummie" ist der Entwurf bzw. die auf Papier gezeichnete Rohversion meines Ergebnisses, welche in Anhang IV, A1 einzusehen ist.

Inhaltsverzeichnis

2 Eigene Erfahrungen als Grundlage unserer Arbeitsweise

„Ess O Ess!" mag es tief aus mancher Seele klingen, die ihrem liebsten Freund gegenüber steht, welcher in etwa einen BMI [5] von 13,5 hat und dank Zwangseinweisung gerade noch dem Tod entrinnen konnte. Doch was können wir als Angehörige in einer solchen Situation über einen stillen „Hilfe"-Ruf hinaus für betroffene Magersüchtige tun? Und wie handeln wir, ohne ihnen das Gefühl zu geben, „ertappt" oder „bevormundet" zu sein?

In unserer Besonderen Lernleistung werden wir uns mit der Problematik der Magersucht und insbesondere der Rolle der Angehörigen beschäftigen. Wir möchten einen Informationsflyer gestalten, der ihnen einen Überblick darüber verschafft, wie sie ihren Bekannten und Freunden, die an Magersucht leiden helfen können.

Motiviert hat uns diese Arbeit vor allem, weil wir uns beide sehr für die Problematik der Magersucht interessieren. Wir konnten in unserem gemeinsamen Bekanntenkreis bereits zusehen, wie Betroffene trotz oberflächlicher „Genese" weiter den Halt unter den Füßen verloren und fragten uns, inwieweit wir daran Schuld haben. Dies war etwa in der 8. Klasse, als der erste Fall von Magersucht in unserer damaligen Parallelklasse bekannt wurde. Dieses Mädchen musste schließlich zwangseingewiesen werden, da sie bei einer Körpergröße von 1,60 m nur noch 35,7 kg wog. Zwar sprach jeder in den verschiedenen Klassen über sie, aber sogar ihre engsten Freunde konnten das kontinuierliche Abnehmen nicht verhindern. Weitere Fälle traten an unserer Schule im Laufe der Zeit in verschiedenen Jahrgängen auf, beispielsweise in der 10. Klasse. Bei diesem Mädchen merkten wir, dass es ihr schwer fiel, nach ihrer langen Therapiezeit wieder Anschluss zu finden. Man hatte das Gefühl, die Magersucht stünde als große Barriere zwischen ihr und ihren Mitschülern. In der 12. Jahrgangsstufe ist erneut eine Schülerin unserer Klassenstufe an Magersucht erkrankt. Leider mussten wir feststellen, dass wir nach wie vor nicht im Stande waren, uns essgestörten Menschen gegenüber hilfreich zu verhalten. Der Vergleich, wie es anderen erging interessiert uns.

In unserer Arbeit differenzieren sich zwei zentrale Thematiken. Einmal der Aspekt der Psychologie bzw. des informierenden Inhalts des Flyers und zum Anderen die visuelle Gestaltung und deren direkte Absicht an sich. Unser Konzept entwickelten

---

[5] Die genaue Definition des BMI und die Einordnung der BMI-Werte werden in Kapitel 3.1 beschrieben.

wir gemeinsam. In allen Bereichen arbeiten wir zusammen, um vom Wissen des anderen profitieren und sich austauschen zu können.

Wir beginnen in den Kapiteln 3.1 und 3.2 mit der Definition der Magersucht, um einen Überblick über die Essstörung zu vermitteln und dadurch eine allgemeine Grundlage zu schaffen. In den folgenden Unterpunkten 3.3 sind ferner die Ursachen, in 3.3 die Folgen, in 3.5 die Anzeichen und in 3.6 die Behandlung dieser Krankheit beschrieben. Anschließend fahren wir in Kapitel 4 mit einer Umfrage und anschließenden Interviews mit Magersüchtigen fort. Unser Endprodukt, der Informationsflyer wird in Kapitel 65ausführlich beschrieben.

Hauptziel unserer Besonderen Lernleistung ist es, über Magersucht zu informieren und unsichere Angehörige auf einen festen Weg zum Handeln zu führen, um dieser Krankheit keine Chance mehr zu geben. Der Flyer soll zudem ermöglichen, das Thema zu enttabuisieren, Essstörungen als solche schneller zu erkennen und Handlungsalternativen offenbaren.

Wir hoffen, dass wir die Außenstehenden mit unserem Faltblatt zunächst zum Nachdenken anregen und außerdem bewirken, dass sie sich informiert fühlen und besser vorbereitet sind, einem Magersüchtigen offen gegenüberzutreten.

3   Was versteht man unter Anorexia Nervosa?

3.1   Einordnung der Magersucht

„Essen und Trinken hält Leib und Seele zusammen."[6]
Essen und Trinken sind Grundbedürfnisse des Menschen, die uns am Leben erhalten und zu unserem Wohlbefinden beitragen. Ein gesunder Körper bringt Leib und Seele in Einklang. Doch was passiert, sobald wir bewusst aufhören zu essen und anfangen zu hungern? Jährlich machen Millionen von Frauen und zunehmend Männer diese Erfahrung auf der ganzen Welt.[7] Dieses gestörte Essverhalten deutet auf die Krankheit Anorexia Nervosa hin, die Magersucht.

Zunächst muss zum besseren Verständnis das „Normalgewicht" eines Menschen bestimmt werden. Die Einstufung erfolgt anhand des sogenannten Body-Maß-Index (BMI), der sich aus dem Körpergewicht in Kilogramm geteilt durch die quadrierte Körpergröße in Metern zusammensetzt.[8] Liegt dieser Wert bei einer 18 – 24-jährigen zwischen 19 und 24, so verfügt diese über ihr Normalgewicht. Nach einem medizinischen Maßstab können wir eine Person bei einem BMI-Wert von weniger als 17,5 bereits als tendenziell magersüchtig benennen.[9]

Body Mass Index (BMI) Tabelle - FRAUEN					
Alter	Untergewichtig	Normal-gewicht	etwas übergewichtig	übergewichtig	erhebliches Übergewicht
18-24	< 19	19-24	24-29	29-39	> 39
25-34	< 20	20-25	25-30	30-40	> 40
35-44	< 21	21-26	26-31	31-41	> 41
45-54	< 22	22-27	27-32	32-42	> 42

---

[6] Gutknecht (2008), S.138.
[7] Vgl. Harrach (2009b).
[8] Kg/m²= BMI-Wert.
[9] Vgl. Liedvogel (2009d).

55-64	< 23	23-28	28-33	33-43	> 43
65+	< 24	24-29	29-34	34-44	> 44

Abbildung 1: Body Mass Index – Tabelle
Quelle: Eigene Darstellung, in Anlehnung an Nischik, S. (2009): http://www.bmi-rechner24.de/bmi_tabelle_body_mass_index_70.html (21.09.2009).

Die Tabelle zeigt die verschiedenen Gewichtsklassen für Frauen bis hin zu Fettleibigkeit und verdeutlicht, dass wir uns mit der nachfolgend beschriebenen Krankheit in dem niedrigsten Gewichtsgenre (untergewichtig) befinden.[10]

Nach dem klinischen Wörterbuch „Pschyrembel" versteht man unter Anorexie (der griechische Ursprung des deutschen Begriffs Magersucht) nun eine allgemeine Appetitlosigkeit. [11] „Anorexia Nervosa", die Magersucht stellt eine psychisch bedingte besondere Form dessen dar.[12] Sie ist eine ernste, meist chronische und vor allem lebensbedrohliche Essstörung mit beabsichtigtem, selbst herbeigeführtem Gewichtsverlust, welcher bis zur völligen Abmagerung und damit letztendlich auch zu einer Einschränkung wichtiger Funktionen des Organismus führen kann. [13] Geschädigte haben den Drang abzunehmen, auch wenn das angestrebte Idealgewicht bereits längst unterschritten wurde. Sie streben ein Gewicht an, welches bis zu 25% unter ihrem eigentlichen Normalgewicht liegt.[14] Weitere grundlegende Eigenschaften der Magersucht sind die Angst vor der Gewichtszunahme, ein gestörtes Körperbild und bei Frauen das Ausbleiben von mindestens 3 Menstruationszyklen.[15] Im „normalen" Krankheitsverlauf hungert ein Essgestörter[16] ununterbrochen, verliert Gewicht, bis hin zum Tod, welcher häufig durch Infektionen, Herz-Kreislauf-Versagen infolge von Verschiebungen des Mineralstoff- und Flüssigkeitshaushalts oder Selbstmord eintritt.[17] Aber auch nach der „Heilung" sterben noch ca. 5% der Patienten an Austrocknung oder akutem Organversagen. [18] Zusätzlich zum klassischen Muster der Magersucht gibt es Abweichungen wie das sogenannte „Binge Eating", es kommt zu periodischen Heißhungeranfällen, in denen die Kontrolle über den eigenen Körper verloren wird. Hier wird deutlich, dass der Mensch den Appetit nicht verliert, sondern kontrolliert

---

[10] Die passende Tabelle für Männer befindet sich im Anhang I, A1.
[11] Vgl. De Gruyter (2004a), S. 88-89.
[12] Vgl. De Gruyter (2004c), S. 535.
[13] Vgl. Narciß (1972), S. 619.
[14] Vgl. Mayer (2009).
[15] Vgl. Metzner (2006).
[16] Die männliche Form (der Kranke, der Essgestörte, der Magersüchtige etc.) bezieht sich, soweit sich aus dem Kontext keine eindeutig eingeschränkte Bedeutung ergibt, auf beide Geschlechter.
[17] Vgl. Zipfel / Herzog (2009).
[18] Vgl. Monks - Ärzte im Netz GmbH (2009).

unterdrückt. Daher ist der Begriff „Anorexia" (Appetitlosigkeit) nach unserer Auffassung eigentlich eine „falsche" Bezeichnung für die Krankheit.

3.2 Spezielle Formen der Anorexia Nervosa

Es ist schwierig, der Magersucht nur ein typisches Verhaltensmuster zuzuordnen, besonders dann, wenn der Gewichtsverlust mit mehr als lediglich einer Einschränkung der Nahrungsaufnahme verbunden ist. Daher gliedert man den Krankheitsverlauf der Anorexia Nervosa (AN) in 3 Untergruppen; die Restriktive AN, AN mit zusätzlichen Gewichtreduktionsmethoden und AN mit bulimischen Attacken. [19]

Die nachfolgende Abbildung verdeutlicht die verschiedenen Formen von Essstörungen:

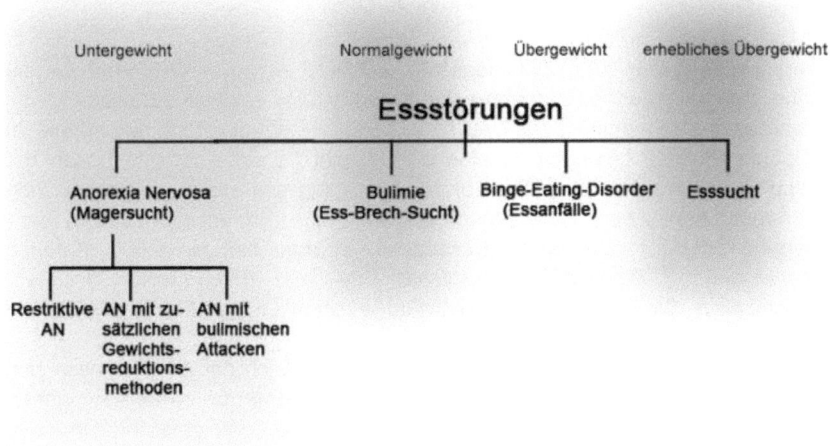

Abbildung 2: Essstörungen im Überblick
Quelle: Eigene Darstellung.

Das Verhaltensmuster der **restriktiven Anorexia Nervosa** stellt sich in der Reduktion der Mahlzeiten und dem verstärkten Einsatz körperlicher Aktivitäten dar. Bei **zusätzlichen Gewichtreduktionsmethoden** wird der Gewichtsverlust mit Hilfe von selbstinduziertem Erbrechen und dem Missbrauch von Abführmitteln

---

[19] Vgl. Deutscher Ärzte-Verlag GmbH (2007), S.118.

unterstützt. Bei **AN mit bulimischen Attacken** kommt es zu regelrechten Essattacken, wobei die Gewichtszunahme ebenfalls durch Erbrechen, Missbrauch von Abführmitteln und exzessivem Sport verhindert wird.

Es gibt auch geringfügige Abweichungen von den auf Seite 13 genannten Krankheitsverläufen, wie z.B. das „Binge Eating", Essattacken. Dies bedeutet im Fall einer Magersucht nur, dass der Kranke seine Essattacke, die aus dem Hungergefühl hervorgeht, nicht wie bei der **AN mit bulimischen Attacken** mit anschließendem Erbrechen oder Medikamenteneinnahme ausgleicht.
Aus der Magersucht können auch andere Essstörungen, wie häufig z.B. die Bulimie hervorgehen.[20]

Dabei muss deutlich auf den Unterschied zwischen der hier benannten Anorexia Nervosa und der „Bulimia Nervosa", der Ess-Brech-Sucht[21], hingewiesen werden. Um den gesteckten Rahmen unserer Arbeit nicht sprengen zu müssen, stellen wir hier nur kurz die Unterschiede beider Essstörungen heraus. Auf die Abgrenzung der Bulimie zu bulimischen Attacken in der Magersucht wird zudem abschließend eingegangen.

Magersüchtige haben zum Ziel möglichst „schlank" zu sein, dies erreichen sie aber nur durch die geringe Aufnahme von Kalorien, eine exzessive Bewegung, die Einnahme von Abführmitteln etc. Das Thema Essen steht demnach nur indirekt im Mittelpunkt. Bulimie hingegen ist eine „Fresssucht"[22], somit ist das Essen der Mittelpunkt dieser Form einer Essstörung. Erkrankte sind meist normalgewichtig und versuchen der Gewichtszunahme mit Erbrechen und Sport entgegenzuwirken.[23] Bei einer Essattacke werden bis zu 5.000 Kalorien „verschlungen".[24] Die Häufigkeit solcher Ess- und Brechattacken ist sehr unterschiedlich. Sie variiert zwischen 2 Mal wöchentlich und bis zu 20 Mal am Tag.
Bulimische Attacken in einer Magersucht bedeuten gleich der Bulimie, dass sich der Essgestörte nach einer Essattacke erbricht. Der Unterschied ist aber dieser, dass ein Magersüchtiger den Hunger irgendwann nicht mehr unterdrücken kann, „schwach" wird und „frisst" um das zehrende Hungergefühl endlich zu stillen. Bei der reinen Bulimie ist das Verlangen nach Essen („Fresssucht") das ständig präsente Hauptproblem, die Attacken resultieren nicht aus einem Hungergefühl heraus.

3.3 Ursachen

---

[20] Vgl. Hopfner / Ölz (1998).
[21] Vgl. Eigler (2007).
[22] De Gruyter (2004b), S. 272.
[23] Vgl. Happel, S. (2009a).
[24] Vgl. dazu und im Folgenden Klinik am Korso gGmbH (2009).

3.3.1 Einflussfaktoren für die Entwicklung der Magersucht

Es lässt sich keine allgemeingültige Ursache für eine Magersucht definieren, jedoch gibt es viele Faktoren, die einen Einfluss auf die Entstehung der Krankheit haben. Diese lassen sich in 3 Rubriken zusammenfassen:

- Gesellschaftliche Einflüsse
- Psychologische Einflüsse
- Biologische Einflüsse

3.3.2 Die gesellschaftlichen Einflüsse

Waren z.B. zu Zeiten des Barock noch runde weibliche Formen angesagt, so richtet sich das Schönheitsempfinden in unserer Gesellschaft, insbesondere seit Anfang der 1960er Jahre, immer mehr auf einen sehr schlanken Körper.[25]
Häufig wird die Magersucht daher als eine Modeerscheinung [26] bezeichnet, basierend auf einem Schlankheitswahn, von dem die Menschen besessen sind. Die nachfolgenden Abbildungen zeigen die heutigen Models auf den internationalen Laufstegen:

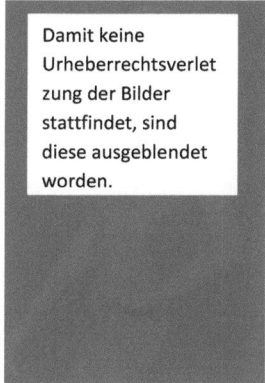

Damit keine Urheberrechtsverletzung der Bilder stattfindet, sind diese ausgeblendet worden.

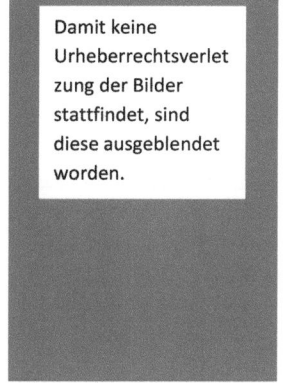

Damit keine Urheberrechtsverletzung der Bilder stattfindet, sind diese ausgeblendet worden.

Abbildung 3: Modell auf dem Laufsteg

Abbildung 4: Modell auf dem Laufsteg

---

[25] Vgl. Enders (1999).
[26] Vgl. Vandereycken / Meermann (2003).

Eine schlanke Figur wird mit der „Blütezeit unseres Lebens", Schönheit und Erfolg assoziiert. Außerdem verspricht sie eine ausdauernde, attraktive, gesunde und dynamische Ausstrahlung. Schlankheit verkörpert Leistung und Qualität.

Täglich werden wir unbewusst in den Medien, wie durch das Fernsehen, Zeitschriften und in der Mode darauf aufmerksam gemacht: Dünne Menschen sind selbstbewusst, zielstrebig und beliebt, während molligere Menschen nicht selten die Rolle des „Tollpatsches", der Witzfigur oder der unbeliebten „grauen Maus" zugeschrieben bekommen. Menschen mit idealer Körperfigur scheinen ein einfaches, unkompliziertes Leben führen zu können, während es dicken Menschen in der Gesellschaft oft sehr schwer gemacht wird. Erfolgreiche Schauspielerinnen, Models oder Prominente stellen Beispiele dar.

Damit keine Urheberrechtsverletzung der Bilder stattfindet, sind diese ausgeblendet worden.

Damit keine Urheberrechtsverletzung der Bilder stattfindet, sind diese ausgeblendet worden.

Damit keine Urheberrechts verletzung der Bilder stattfindet, sind diese ausgeblendet worden.

Abbildung 5: Promi 1   **Abbildung 6:** Promi 2   **Abbildung 7:** Promi 3

Ein weiteres, allseits bekanntes Beispiel ist die TV-Sendung „DSDS" (Deutschland sucht den Superstar): Die Jury sucht die beste Stimme, gibt aber „dicken" Menschen keine Chance, da sie nicht dem Erscheinungsbild eines Popstars entsprechen.[27] Somit werden sie als Individuen abgewertet, nur noch „schöne und schlanke" Sänger, Models oder Schauspieler haben Chancen auf dem Markt und dürfen „Vorbilder" darstellen.

Gerade zu Beginn der Pubertät verändert sich bekanntlich der Körper junger Frauen, die Menstruation tritt ein, die Brust wächst, um nur einige Veränderungen zu nennen. Jugendliche können durch diese Schlankheitsideale schnell verunsichert werden, denn sie haben noch kein Gefühl für ihren „neuen" Körper entwickelt. Noch wissen sie nicht wie er wirkt und das unwohle Gefühl „unattraktiv" zu sein tritt vermehrt auf. Dies vermindert ihr Selbstwertgefühl und der Schritt zur Essstörung und somit Einflussnahme auf den Körper liegt nahe.[28]

---

[27] Ich distanziere mich ausdrücklich von der Wahrheit dieser Aussage, da ich niemanden vorverurteilen möchte. Dies ist lediglich meine persönliche Meinung.
[28] Vgl. Liedvogel (2009b).

Wirtschaftlich profitieren natürlich viele Firmen und Unternehmen von dem Streben der Menschen nach dem Schönheitsideal. Das Angebot an möglichen Hilfsmitteln zum Erreichen der Wunschfigur ist überwältigend. Jedoch tritt selten der geplante Erfolg ein. Die Enttäuschung und das große Verlangen nach der Traumfigur treiben Betroffene häufig dazu, ihre Gesundheit zu vernachlässigen und zu Abführmitteln und Appetitzüglern zu greifen oder sogenannte „Schönheitsoperationen" über sich ergehen zu lassen, um so ihr Ziel zu erreichen. Das Bedürfnis nach Schlankheit und die damit verbundenen Erfolgsaussichten stehen plötzlich im Mittelpunkt ihres Lebens und drängen die Gesundheit in den Hintergrund. Es ist in diesen Fällen nur noch möglich sich zu akzeptieren, wenn man das Ideal erreicht hat. Darüber hinaus glauben Magersüchtige sich so leichter Anerkennung und Akzeptanz im eigenen Umfeld und in der Gesellschaft verschaffen zu können und geraten auch deshalb schnell in die Abhängigkeit und den Sog der Essstörung.

3.3.3 Psychologische Einflüsse

In der Fachliteratur und in Fachdiskussionen werden viele psychologische Aspekte als mögliche Auslöser zur Magersucht angeführt. Diese lassen sich in 2 Untergruppen einteilen, zum einen spielen verschiedene Konstruktionen innerhalb eines Familienverbandes eine Rolle bei der Entwicklung von Essstörungen, zum anderen ist die eigene Persönlichkeit ein entscheidender Faktor für die Entstehung dieser Krankheit.

Zunächst werden die familiären Aspekte anhand der folgenden 6 von uns ausgewählten typischen Verhaltensmuster bzw. Familiensituationen vorgestellt:

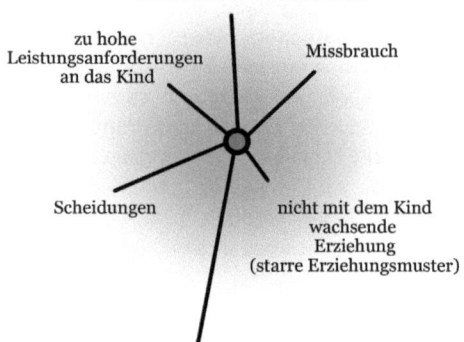

Abbildung 8: Familiäre Einflüsse
Quelle: Eigene Darstellung.

Dr. med. Monika Gerlinghoff und Dr. med. Herbert Backmund, 2 Experten, die sich schon jahrelang mit der Behandlung Magersüchtiger beschäftigen, beschreiben eine mögliche Situation/Ursache so: Äußerlich wirkt die Familiensituation oft heil und intakt.[29] Die betroffenen Teenager wachsen in geordneten Verhältnissen auf und genießen eine pflichtbewusste Erziehung mit **hohen Leistungsanforderungen**. Jedoch ist es mit der Zeit immer schwieriger, diese 100%ig erfüllen zu können. Entwickelt sich ein Perfektionismus im Kind, wird es immer unzufriedener. Der Druck in der Schule wächst, die Noten sind nicht bestmöglich und am Körper stimmt stets irgendetwas nicht. Der Vergleich mit anderen und der Wunsch nach einem perfekten Körper können plötzlich die ganze Aufmerksamkeit in Anspruch nehmen.

Auf der Internetseite http://www.magersucht-online.de hebt Dr. rer. nat. Miriam Liedvogel **starre Erziehungsmuster** hervor, welche die individuelle Entfaltungsfreiheit speziell in der Pubertät hemmen und aufgrund dessen Eltern nicht angemessen auf die Entwicklung des Kindes zum Erwachsenen reagieren[30]. Das Abnabeln vom Elternhaus, ein wichtiger Schritt in der Pubertät, wird nicht gewährleistet. Das Kind wird gezwungen eine perfekte Fassade aufzulegen und

---

[29] Vgl. dazu und im Folgenden Gerlinghoff / Backmund (2004b), S.68.
[30] Vgl. dazu und im Folgenden Liedvogel (2009c).

Bedürfnisse, wie die Möglichkeit selbstständig und erwachsen zu werden, zu unterdrücken, um nach außen hin die scheinbare Harmonie und perfekte Familie zu verkörpern. Die Flucht in die Magersucht als eine Möglichkeit ersetzt die angestrebten Gefühle von Selbstständigkeit und Abgrenzung, denn nun sind sie „Herr" über den eigenen Körper, haben Macht über diesen, können alles an ihm kontrollieren und beeinflussen.[31]

Führen die Eltern sogenannte **„Vernunftehen"**, also Ehen aus rationalen Gründen, um z.B. durch ihre Interessensgemeinschaft eine finanziell abgesicherte Zukunft zu haben, wird zusätzlich gelehrt, Gefühle zu beherrschen und gegebenenfalls zu unterdrücken.[32] Die Ehe basiert nicht auf der Liebe, demzufolge stehen Gefühle sowie Sexualität im Hintergrund dieser Beziehungen. Diese Impulskontrolle verhilft Kindern später im Falle einer Essstörung Gefühle, wie Lust und Hunger, abzuwehren. Zusätzlich versucht die Familie Pubertätserfahrungen des Kindes zu ersetzen, indem sie ihr Kind einengt, es z.B. nicht auf Partys gehen lässt, sondern diese zuhause mit den Eltern gemeinsam „in kleinem Rahmen" stattfinden. Der große Wunsch des Heranwachsenden bei zu großer Einmischung der Eltern, nach der Abkapselung vom Elternhaus und einer eigenen Identität, kann anorektisches Verhalten hervorrufen.

Im Gegensatz dazu stehen **Scheidungen der Eltern**, ein Zusammenbruch innerhalb der Familie, kein Rückhalt und das Gefühl, „dass nichts nach dem eigenen Wunsch läuft".[33] Häufig wird in AN eine Zuflucht, Halt und Konstante gesucht, wenigstens den eigenen Körper „stabil" und kontrolliert zu halten. Ein Extrembeispiel als Auslöser der Magersucht ist der **sexuelle Missbrauch** innerhalb von Familien oder durch Außenstehende, wie Wissenschaftler der University of Bristol herausfanden.[34] Der Betroffene fühlt sich schlecht, ausgenutzt, möchte seine Attraktivität weghungern, die Angriffsfläche seines Körpers verringern. Erfolgt dieser Missbrauch über einen längeren Zeitraum, ist auch hier die Kontrolle der Anlass zur AN. Dies ist anscheinend der einzig verbleibende Weg, in dem er noch Kontrolle und Macht über sich zu haben scheint.

Die Internetseite www.magersucht.de informiert darüber, dass Eltern, welche einen **Gerechtigkeitssinn** verfolgen, viel Wert darauf legen, alle Kinder gleich zu behandeln und deren Unterschiede gewollt missachten.[35] Folglich wird nicht auf die Bedürfnisse der einzelnen Kinder oder eine frühzeitige Entwicklungen eingegangen. Jedoch ist jede Beziehung individuell und es darf keine absolute Gleichstellung und Gleichbehandlung geben, denn ein Kind kann nicht normiert werden. Individuen haben eigene Vorzüge, Emotionen, Charaktereigenschaften und Bedürfnisse. Beginnt das Kind in diesem Fall zu „hungern", möchte es die Familie in einen Alarmzustand versetzen und unbewusst auf die eigene Person

---

[31] Vgl. Schick / Von der Eltz (2009).
[32] Vgl. dazu und im Folgenden Harrach (2009d).
[33] Vgl. dazu und im Folgenden Gerlinghoff / Backmund (2004a), S.30.
[34] Vgl. Mück (2005).
[35] Vgl. dazu und im Folgenden Harrach (2009e).

aufmerksam machen. Hier bezieht sich das Hungern auf die fehlende Anerkennung, Beachtung und Liebe der Eltern.[36]

Auch die Persönlichkeit spielt eine entscheidende Rolle bei der Entwicklung einer Essstörung. Sie bildet die zweite Untergruppe der psychischen Einflüsse. Aufgrund spezieller Charaktereigenschaften, z.B. Labilität oder wenig Selbstbewusstsein, sind manche anfälliger für psychische Krankheiten. Die Essstörung ist meist eine Reaktion auf innere Konflikte, Ängste und Streit. Heutzutage äußern sich viele Erkrankte in sogenannten "Pro-Ana" Blogs, deren Funktion wir im weiteren Verlauf in diesem Zusammenhang kurz erläutern werden.

Gründe für die persönliche Entwicklung einer Magersucht können sein:

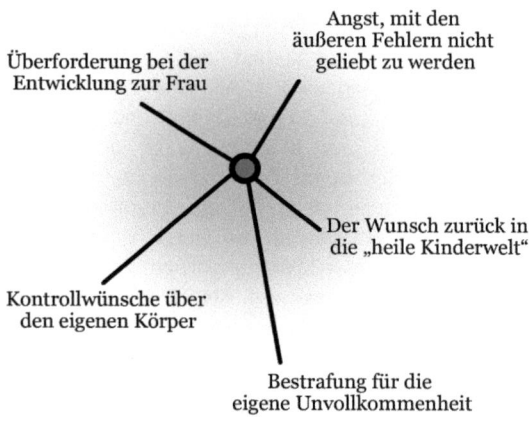

Abbildung 9: Persönlichkeitsbedingte Einflüsse
Quelle: Eigene Darstellung.

Anorexia Nervosa kann ausdrücken, dass die Heranwachsenden sich allein gelassen und von der **Umproportionierung ihres Körpers überfordert** fühlen. Während des Entwicklungsprozesses eines Kindes zur Frau muss das Mädchen, wie bereits angeführt, eine neue Identität finden. Dies kann sie schnell

---

[36] Vgl. Schick. / Von der Eltz (2009).

verunsichern. Das Empfinden von Sicherheit wird durch die Kontrolle über ihr Körpergewicht erlangt.[37] So entsteht das Gefühl, das eigene Leben im Griff zu haben und etwas besonders gut zu können. Es macht sie stolz und spornt sie an, ihr Ziel weiter zu verfolgen. Somit ist das Gewicht eine entscheidende Quelle des Selbstwertgefühls geworden.

Eine andere Ursache der Magersucht ist der **Wunsch zurück in die heile Kinderwelt**, welche unbewusst vor Konflikten schützt, die sich im heranwachsenden Alter ergeben.[38] In der Pubertät bekommen Mädchen weibliche Rundungen, sie versuchen die sexuellen Wünsche abzuwehren und das in der Familie eventuell tabuisierte Thema Sexualität zu unterdrücken. Sie entfliehen diesem Problem häufig mit Abmagerung. Dem Körper wird somit die sexuelle Signalwirkung entzogen.[39]

Um die **Kontrolle** über sich und seine Umwelt zu erhalten, werden strenge Regeln für das Leben mit AN aufgestellt oder gleichgesinnte Verbündete gesucht. Ein Beispiel hierfür sind die Internetblogs „Pro Ana"[40] (für Anorexia Nervosa). Ihre Startseiten können folgendermaßen aussehen:

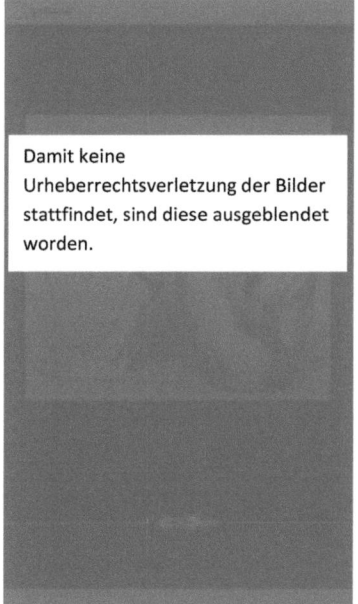

Damit keine Urheberrechtsverletzung der Bilder stattfindet, sind diese ausgeblendet worden.

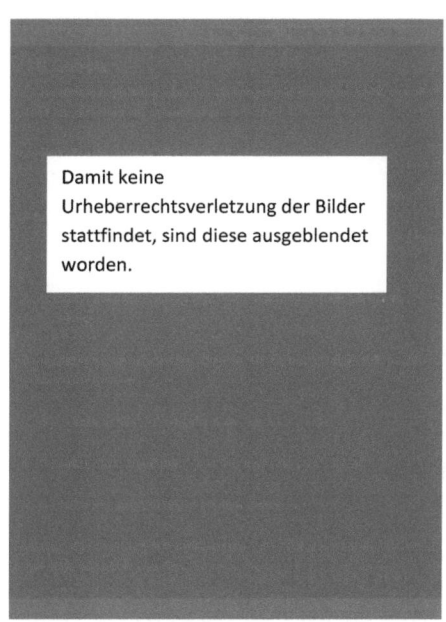

Damit keine Urheberrechtsverletzung der Bilder stattfindet, sind diese ausgeblendet worden.

Abbildung 10: „Ana to the End…"   **Abbildung 11:** Die 10 Gebote der „Pro Ana"

---

[37] Vgl. Liedvogel (2009a).
[38] Vgl. dazu und im Folgenden Grigull (2009).
[39] Vgl. Harrach (2009c).
[40] Die genaue Definition und Funktion dieser Weblogs ist auf S. 3 erläutert.

Hier berichten Magersüchtige über ihr Leben und tauschen sich aus. Aufgestellte Gebote erinnern sie an ihre Ziele und Disziplin. Das erste Gebot lautet „Du sollst unsichtbar werden", was so viel bedeutet, wie sich aus dem Leben zu hungern. Dies ist ihr Ziel. Magersüchtige entwickeln einen Perfektionismus und wollen ihre Taten vollenden.

In einem Interview beschreibt ein Mädchen, wie es sich für ihre **Unvollkommenheit** in der heutigen Medienwelt **bestrafen** möchte.[41] „Ich bin eine Person, die hässlich ist und eklig. Dafür will ich mich bestrafen, zerstören", sagte sie. Besonders deutlich werden auf „Pro Ana"-Homepages das geringe Selbstwertgefühl und die Kontaktprobleme einer essgestörten Person. Wie wir aus mehreren Blogs herauslesen konnten, geben „Pro Anas" nach außen hin eine starke, kraftvolle Persönlichkeit vor. Innerlich hingegen sind sie so labil, dass man sie schnell beeinflussen kann. Sie sind abhängig von der Meinung anderer und beziehen ihr Selbstwertgefühl von anderen Gleichschwachen und - gestörten. Durch ihr mangelndes Selbstvertrauen fühlen sie sich „fett" und nicht interessant für andere. Mädchen bekommen Depressionen, die bis hin zu Selbstmordgedanken reichen, da sie **Angst haben, aufgrund ihrer Fehler und Schwächen nicht geliebt zu werden**.

3.3.4 Biologische Einflüsse

Grund für die Entstehung einer Anorexie kann auch eine Störung in der Hirnregion sein, die der Steuerung des Essverhaltens, der sexuellen Aktivität und der Menstruation dient. Diese Funktionsstörung tritt möglicherweise auch erst im Laufe der Essstörung auf, beispielsweise als Folge des Gewichtverlusts und trägt zur Aufrechterhaltung der Krankheit bei, ist aber nicht ihre eigentliche Ursache.[42]

Eine genetische Veranlagung ist hingegen an der Entstehung der Magersucht beteiligt.[43] Dr. Ruth E. Urwin vom Kinderkrankenhaus im australischen Westmead und ihr Team entdeckten am Norepinephrin-System, welches für die verstärkt auftretenden Emotionen Magersüchtiger verantwortlich ist, bei der Untersuchung des Protein-Hersteller-Reglers im NET Gen, ein großes, bislang unbekanntes Stück Erbgut. Sie fanden heraus, dass dieses bei Magersüchtigen gehäuft in langer Form vorliegt und diese Form sich gegenüber der anderen kurzen öfters erblich durchsetzt. Weiterhin zeigen Untersuchungen, dass ein eineiiger Zwilling eines Magersüchtigen sogar 50%ig ebenfalls anorexiegefährdet ist. Bei zweieiigen Zwillingen besteht nur noch eine weniger als 10%ige Gefahr auf die Krankheit.[44]

---

[41] Vgl. dazu und im Folgenden Kunz (2008).
[42] Vgl. Weiland / Waitz (2009).
[43] Vgl. dazu und im Folgenden Molecular Psychiatry (2002), S. 652 – 657.
[44] Vgl. Liedvogel (2009a).

Verwandte ersten Grades sind achtmal mehr von AN betroffen als der Bevölkerungsdurchschnitt.[45] Medizinische Forschungen belegen also, Magersucht kann erblich bedingt sein.

3.4 Folgen

Zur Verdeutlichung der gesundheitlichen Folgen der Unter-/ Mangelernährung soll folgendes, selbst entworfenes, schematisches Schaubild kurz und präzise die wesentlichen Verflechtungen und Konsequenzen anschaulich darstellen:

---

[45]Vgl. Pichler (2007).

FOLGEN DER UNTER- & MANGELERNÄHRUNG

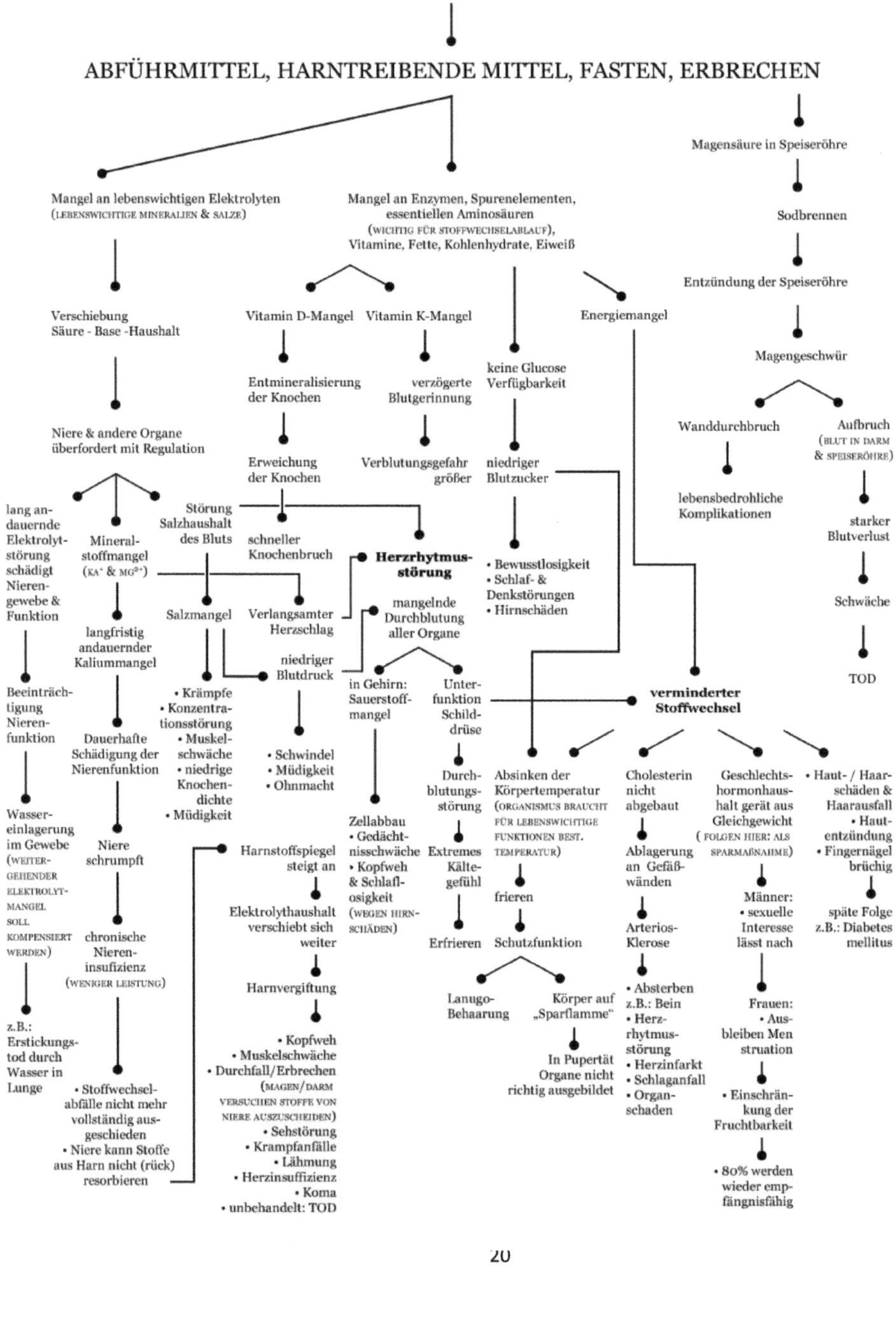

ABFÜHRMITTEL, HARNTREIBENDE MITTEL, FASTEN, ERBRECHEN

Magensäure in Speiseröhre

Sodbrennen

Entzündung der Speiseröhre

Mangel an lebenswichtigen Elektrolyten
(LEBENSWICHTIGE MINERALIEN & SALZE)

Mangel an Enzymen, Spurenelementen,
essentiellen Aminosäuren
(WICHTIG FÜR STOFFWECHSELABLAUF),
Vitamine, Fette, Kohlenhydrate, Eiweiß

Verschiebung
Säure - Base -Haushalt

Vitamin D-Mangel

Vitamin K-Mangel

Energiemangel

Magengeschwür

Entmineralisierung
der Knochen

verzögerte
Blutgerinnung

keine Glucose
Verfügbarkeit

Niere & andere Organe
überfordert mit Regulation

Wanddurchbruch

Aufbruch
(BLUT IN DARM
& SPEISERÖHRE)

Erweichung
der Knochen

Verblutungsgefahr
größer

niedriger
Blutzucker

lebensbedrohliche
Komplikationen

starker
Blutverlust

lang an-
dauernde
Elektrolyt-
störung
schädigt
Nieren-
gewebe &
Funktion

Mineral-
stoffmangel
(KA⁺ & MG²⁺)

Störung
Salzhaushalt
des Bluts

schneller
Knochenbruch

**Herzrhytmus-
störung**

• Bewusstlosigkeit
• Schlaf- &
  Denkstörungen
• Hirnschäden

Schwäche

TOD

langfristig
andauernder
Kaliummangel

Salzmangel

Verlangsamter
Herzschlag

mangelnde
Durchblutung
aller Organe

Beeinträch-
tigung
Nieren-
funktion

Dauerhafte
Schädigung der
Nierenfunktion

• Krämpfe
• Konzentra-
  tionsstörung
• Muskel-
  schwäche
• niedrige
  Knochen-
  dichte
• Müdigkeit

niedriger
Blutdruck

• Schwindel
• Müdigkeit
• Ohnmacht

in Gehirn:
Sauerstoff-
mangel

Unter-
funktion
Schild-
drüse

**verminderter
Stoffwechsel**

Wasser-
einlagerung
im Gewebe
(WEITER-
GEHENDER
ELEKTROLYT-
MANGEL
SOLL
KOMPENSIERT
WERDEN)

Niere
schrumpft

Harnstoffspiegel
steigt an

Zellabbau
• Gedächt-
  nisschwäche
• Kopfweh
  & Schlaf-
  losigkeit
(WEGEN HIRN-
SCHÄDEN)

Durch-
blutungs-
störung

Extremes
Kälte-
gefühl

Absinken der
Körpertemperatur
(ORGANISMUS BRAUCHT
FÜR LEBENSWICHTIGE
FUNKTIONEN BEST.
TEMPERATUR)

Cholesterin
nicht
abgebaut

Geschlechts-
hormonhaus-
halt gerät aus
Gleichgewicht
(FOLGEN HIER: ALS
SPARMAßNAHME)

• Haut- / Haar-
  schäden &
  Haarausfall
• Haut-
  entzündung
• Fingernägel
  brüchig

chronische
Nieren-
insuffizienz
(WENIGER LEISTUNG)

Elektrolythaushalt
verschiebt sich
weiter

frieren

Ablagerung
an Gefäß-
wänden

Männer:
• sexuelles
  Interesse
  lässt nach

späte Folge
z.B.: Diabetes
mellitus

z.B.:
Erstickungs-
tod durch
Wasser in
Lunge

• Stoffwechsel-
  abfälle nicht mehr
  vollständig aus-
  geschieden
• Niere kann Stoffe
  aus Harn nicht (rück)
  resorbieren

Harnvergiftung

Erfrieren

Schutzfunktion

Arterios-
Klerose

Frauen:
• Aus-
  bleiben Men
  struation

• Kopfweh
• Muskelschwäche
• Durchfall/Erbrechen
  (MAGEN/DARM
  VERSUCHEN STOFFE VON
  NIERE AUSZUSCHEIDEN)
• Sehstörung
• Krampfanfälle
• Lähmung
• Herzinsuffizienz
• Koma
• unbehandelt: TOD

Lanugo-
Behaarung

Körper auf
„Sparflamme"

In Pubertät
Organe nicht
richtig ausgebildet

• Absterben
  z.B.: Bein
• Herz-
  rhytmus-
  störung
• Herzinfarkt
• Schlaganfall
• Organ-
  schaden

• Einschrän-
  kung der
  Fruchtbarkeit

• 80% werden
  wieder emp-
  fängnisfähig

Zum Anführen der Quellenangaben ist nachfolgend das Wichtigste des Flussdiagramms kurz zusammengefasst:
Wie mehrfach angesprochen ist die schwerwiegendste Folge der Anorexia Nervosa der Tod. 10-15% aller Magersüchtigen sterben an ihrer Krankheit.[46] Körperliche Schäden sind u.a. ein **verlangsamter Stoffwechsel**, aus dem Haut und Haarschäden resultieren. Es entstehen Organschäden/Organversagen, Pubertätsentwicklungen/Organausbildungen können stark verzögert werden oder gar ausbleiben.[47] Zudem ist die unzureichende Ernährung verantwortlich für eine Darmträgheit, Magenkrämpfe, Nierenversagen und eine akute Blasenschwäche.[48] Durch die Hormonspiegeländerung bleibt bei Frauen die Menstruation aus, bei Männern lässt das sexuelle Interesse nach.[49] Die Fruchtbarkeit ist eingeschränkt und lediglich 80% der Magersüchtigen werden nach einer Heilung wieder empfängnisfähig.[50]
Folgen des Vitaminmangels sind Haarausfall, Wachstumsstörungen, Osteoporose [51] bis hin zur Gedächtnisschwäche. [52] Ständige Müdigkeit, Konzentrationsmangel, Muskelschwäche, Schwindel, Kopfschmerzen, Schlaflosigkeit und Denkstörungen sind ebenfalls Begleiterscheinungen der Magersucht. [53] Verlangsamter Herzschlag, **Herzrhythmusstörungen**, **niedriger Blutdruck**, absinkende Körpertemperatur, Lanugo-Behaarung [54] und Wassereinlagerungen im Gewebe treten als Folgen auf. [55] Eine entstandene Unterfunktion der Schilddrüse verursacht trockene Haut, blaugefärbte Hände und Füße und erklärt das ständige Frieren.[56] Durch den erhöhten Cholesterinspiegel und eine nach Möglichkeit folgende Arteriosklerose besteht ein erhöhtes Schlaganfall-/ sowie Herzinfarktrisiko.[57]

Auf der Internetseite http://www.gesundheitsseiten24.de wird das Ausmaß der seelischen Folgen neben den körperlichen Schäden einer Anorexia Nervosa sehr deutlich. [58] Das psychische Gleichgewicht geht verloren, Frustration und leichte Reizbarkeit sind die Folge. Magersüchtige stehen unter ständigem, zwanghaften Vergleich mit Anderen, empfinden Selbsthass bis hin zur Selbstverletzung. Die Übertragung zwischen den Nervenzellen im Gehirn kann durch kohlenhydratarme Nahrung beeinträchtigt werden. Stimmungsschwankungen und starke Depressionen entstehen, welche oft zu Selbstmordgedanken und –versuchen

---

[46] Vgl. dazu und im Folgenden Bundeszentrale für gesundheitliche Aufklärung (2009a).
[47] Vgl. dazu und im Folgenden Happel (2009b).
[48] Vgl. dazu und im Folgenden Wnendt (2008).
[49] Vgl. dazu und im Folgenden Schick / Von der Eltz (2009).
[50] Vgl. dazu und im Folgenden Harrach (2009a).
[51] Geringe Knochendichte, rascher Abbau der Knochendichte und Knochensubstanz.
[52] Vgl. dazu und im Folgenden FOCUS (2006).
[53] Vgl. dazu und im Folgenden Vitanet GmbH (2007).
[54] Flaum-Behaarung.
[55] Vgl. Liedvogel (2009e).
[56] Vgl. Mohr (2009).
[57] Verengung und Verhärtung von Arterien durch Ablagerungen an den Innenwänden.
[58] Vgl. dazu und im Folgenden Gesundheitsseiten24 GmbH (2009).

verleiten. Lebensfreude und Interesse an der Umwelt gehen verloren, was zur Isolation führt. [59]

3.5 Erkennungsmerkmale

Nachstehend werden, neben den bereits angesprochenen Symptomen eines Erkrankten, auffällige Handlungsweisen und Erkennungsmerkmale des Essgestörten im Alltag erläutert.

Das dürre Erscheinungsbild eines Magersüchtigen ist wohl das ersichtlichste Merkmal. [60] Dieser allerdings leugnet es und versucht es zusätzlich mit dem Tragen mehrerer Kleidungsschichten zu vertuschen. Ein Magersüchtiger fühlt sich nie dünn genug. Essgestörte besitzen überwiegend kein Krankheitsbewusstsein und weisen jegliche Hilfe ab. Dieses Verhalten resultiert aus seiner gestörten Selbstwahrnehmung und dem „fehlenden Kontakt" zum Körper.
Viele Betroffene kochen aufwendige Speisen für ihre Familie um zu zeigen, dass sie sich selbst unter Kontrolle haben und damit ihre Abneigung gegenüber dem Essen nicht auffällt. Ansonsten versuchen sie jeglichen Kontakt mit dem Essen zu vermeiden. Gemeinsamen Essen mit Freunden oder Familie gehen sie mittels Vorwänden aus dem Weg. Wenn sie essen, essen sie sehr langsam und achten auf kalorienarme Nahrungsmittel sowie Getränke. Meistens ist ihre Auswahl sehr einseitig. Häufig täuschen sie auch ihr Essen vor, indem sie ewig darauf „herum kauen" und es später ausspucken oder nur einmal in ihre große Nahrungsauswahl reinbeißen und diese dann beiseite legen. Viele essen, falls sie essen, nach Ritualen, indem sie z.B. Farbentage oder Zahlentage einführen. An diesen Tagen dürfen sie dann nur grüne Nahrung (wie z.B. grünen Salat) zu sich nehmen oder nur 30mal kauen.
Ruhelosigkeit, ständiges Stehen, übertriebener Bewegungsdrang sind weitere Kennzeichen einer magersüchtigen Person, die allesamt der Gewichtsabnahme dienen.
In der Schule/Ausbildung oder bei der Arbeit zählen sie meist zu den Besten, denn sie streben perfekte Leistungen an. Dies erklärt auch ihre Gründlichkeit, die Reinlichkeit und ihre Sparsamkeit und somit den Verzicht auf alle lustvollen Betätigungen.
Auch das Tragen schwerer Schulranzen und Taschen sowie sich der Kälte auszusetzen, um möglichst viele Kalorien zu verbrennen, sind ebenfalls Merkmale der Magersucht.

---

[59]Vgl. Philippi (2009).
[60] Vgl. dazu und im Folgenden Bigalke (2009);
Liedvogel (2009d);
Bundeszentrale für gesundheitliche Aufklärung (2009b);
Groh (2009).

Die Haut der Erkrankten ist, wie bereits auf Seite 25 erläutert, oftmals trocken und schuppig. Haare eines Magersüchtigen sind meist brüchig und fallen aus. Einige Betroffene trinken sehr wenig, damit ihr Bauch dünn bleibt, andere aber wiederum trinken sehr viel, um so das Hungergefühl zu betäuben. Häufig ziehen Magersüchtige sich zurück und isolieren sich von der Außenwelt. Selten sprechen sie über sich oder ihre Gefühle. Schwarzweißdenken [61] und Depressionen sowie leichte Reizbarkeit sind weitere auffallende Eigenschaften eines Erkrankten.

Nun sollte sich dem Leser die Frage auftun, wie er handle falls diese Merkmale auf eine Person in seinem Umfeld zutreffen. Diese Frage soll im Folgenden beantwortet werden. Nach der Auswertung der Gespräche mit den Betroffenen, konnten einige sinnvolle Verhaltensregeln zusammengestellt werden, wie man seine Hilfe erfolgreich anbieten kann. Im Flyer soll dies visuell dargestellt werden.[62]

3.6 Behandlung der Anorexia Nervosa

Das Ziel einer stationären[63] oder ambulanten[64] Therapie ist es, die psychische Gesundheit und das gestörte Selbstwertgefühl wieder herzustellen. [65] Magersüchtige erlernen, dass es andere Lösungen zur Problembewältigung gibt als das „Hungern". Sie erlernen ein besseres Körpergefühl, entsprechend auf ihre Körpersignale (z.B. Hunger) zu agieren und ihre Körperfülle realistisch zu beurteilen. Der Teufelskreis einer Essstörung muss dauerhaft durchbrochen und das selbstzerstörerische Verhalten ausgelöscht werden.

Der erste Schritt zur Heilung der Anorexia Nervosa ist die „Anerkennung dieser Krankheit für sich selbst"[66], die Einsicht krank zu sein und dass man sich eingesteht Hilfe zu benötigen.
Magersüchtige wollen jedoch häufig selbst nicht wahrnehmen, dass sie krank sind, daher ist es wichtig, dass Angehörige Ihnen zur Seite stehen, nicht wegschauen, sich selbst informieren und stets ihre Hilfe anbieten.[67] Diese Anregungen bietet unser Flyer den Betroffenen.
Meist ist eine stationäre Therapie unumgänglich. In unserer Region befindet sich eine solche Klinik z.B. in Bad-Neuenahr. [68] Bei Minderjährigen besteht die

---

[61] Dieser Begriff beinhaltet das sehr vereinfachte beurteilen eines Sachverhalts. Das Denken und die Wahrnehmung werden nur in Gut und Böse, Richtig oder Falsch unterteilt.
[62] Das Ergebnis der Flyerseite „Was kann ich tun?" befindet sich auf Seite 52.
[63] Fest verortet, d.h. auch über Nacht in einem Krankenhaus.
[64] Der Patient bleibt nicht über Nacht in der medizinischen Einrichtung.
[65] Vgl. Gawlik (2009).
[66] Sattler / Geppert (2009).
[67] Mehr zum Verhalten der Angehörigen findet der Leser auf Seite 52.
[68] Die Internetseite dieser Klinik lautet: http://www.ehrenwall.de/.

Möglichkeit einer Zwangseinweisung sobald sich ihr Körper in einem lebensbedrohlichen Zustand befindet oder aufgrund der depressiven Stimmung Selbstmordgefahr besteht und die Kinder sich weigern Hilfe anzunehmen.

Laut Novafeel besteht die Behandlung nun aus 2 Schritten, der **Gewichtszunahme** und dem **Behandeln der psychischen Probleme**.[69]

Die **Gewichtszunahme** ist nur eine vordergründige Lösung, um den Körper zu stabilisieren und körperlichen Folgeschäden entgegen zu wirken.
Bei Zwangseinweisungen wird der Patient mittels Infusionen künstlich ernährt. Die Betroffenen sind meist unkooperativ und empfinden die Nahrungszufuhr als Vergewaltigung ihres Körpers. Generell ist die Angst vor dem „fett werden" größer als die Angst vor dem Tod, dessen sich viele als mögliche Folge bewusst sind. Betroffene sollten jedoch schnellstmöglich lernen, sich eigenverantwortlich für ihre Gewichtszunahme zu fühlen. Dabei kann es von Hilfe sein, Gewichtsgrenzen aufzustellen, ab denen die Magersüchtigen für ihr Mitarbeiten belohnt werden.

Da es aber nicht reicht, nur das Symptom der Krankheit zu behandeln, müssen nun auch deren Wurzeln therapiert werden, denn die Ursachen einer Magersucht sind, wie bereits angeführt, in den Tiefen der Seele verankert.
Es gibt unzählige Methoden einer **Psychotherapie**, wie Tanz-, Schwimm- oder Kunsttherapien, wovon wir im Rahmen unserer Arbeit nur einige wenige beispielhaft aufzählen werden. Bevor man sich für eine Form der Therapie entscheidet, sollte man sich vorher über die Vielfalt und die zu behandelnden Punkte innerhalb der Therapie ausgiebig informieren, um so ständig erforderlich werdende Therapiewechsel zu vermeiden und den Betroffenen nicht noch mehr zu belasten. In unserem Flyer sind einige Ansprechpartner und Adressen angegeben. In jeder Therapie wird das Essverhalten analysiert, geschult und kontrolliert. Die Ursachen für die Krankheit müssen herausgefunden werden, nur so hat man die Möglichkeit, eine erfolgversprechende Behandlung durchzuführen.

Die *„Psychoanalyse nach Siegmund Freud"*[70] beschäftigt sich mit der Aufarbeitung traumatischer, prägender Erlebnisse des Patienten, welche meist aus seiner Kindheit stammen. Mittels der Analyse von Träumen und emotionalen Verhaltensweisen des Betroffenen werden Konflikte der Vergangenheit zugänglich gemacht.
In einer *Gesprächstherapie* werden die Erlebnisweisen des Patienten in den Mittelpunkt gestellt, welcher sich demzufolge mit seiner Persönlichkeit beschäftigen muss. Der Therapeut kann dem Betroffenen verständnisvoll begegnen oder sich konfrontativ verhalten.

---

[69] Vgl. Novafeel GmbH (2005).
[70] Brühlmeier (2004).

Um zu erlernen, in bestimmten Situationen andere Verhaltensmuster als bisher aufzuzeigen, gibt es die *Verhaltenstherapie*. Hier wird sich mit der aktuellen Problematik und der Lebensweise befasst.

Die verschiedenen Therapien können als Einzel-, Gruppen-, Paar- oder Familientherapie abgehalten werden.[71]

Besonders bei Jugendlichen ist eine *Familientherapie* ratsam, da diese ihr engstes Umfeld darstellen und sie meist noch zuhause wohnen. Zudem kann der Therapeut die Flucht in die Magersucht aus dem Lebensumfeld des Kindes näher verstehen, untersuchen, aufarbeiten und heilen. Unter anderem wird die Familie gelehrt auf das gestörte Essverhalten ihres Kindes zu reagieren.

Nebenbei erhält der Patient eine *unterstützende Ernährungstherapie*, sein Gewicht in Unterwäsche wird regelmäßig kontrolliert, nach und nach werden „verbotene" Speisen wieder in den Essensplan aufgenommen, Ernährungsprotokolle mit Beschreibung der Gefühle sowie Bewegungsprotokolle müssen geführt werden und es wird über die Nahrungszusammensetzung, Nährstoffe, Ernährung allgemein, sowie körperliche Folgen der Mangelernährung aufgeklärt.[72]

Es dauert einige Jahre, bis man dazu in der Lage ist, sich früheren Teufelskreisen zu widersetzen und den Sinn des eigenen Lebens zu erfassen. Mindestens 4 Jahre lang muss eine Besserung zu sehen sein, bevor man sie als dauerhaft bezeichnen kann.[73] Unter Besserung versteht man ein fast normales und gleich bleibendes Gewicht, eine soziale Integration, bei Frauen und Mädchen eine regelmäßige Monatsblutung und keine andauernden psychischen Beschwerden, wie z.B. Depressionen.

Nur 30% der Betroffenen erreichen nach einer Behandlung wieder ihr Normalgewicht und haben einen regelmäßigen Zyklus. Daran sind nach neuen Erkenntnissen neurobiologische Faktoren maßgeblich, welche das Erkrankungsbild eines Magersüchtigen aufrechterhalten.[74] Trotz der Gewichtsstabilisierung und -normalisierung behalten viele ihre groteske Beziehung zum Körper bei. Nur sehr wenige werden sich jemals vollständig von dieser Krankheit lösen. 35% gewinnen zwar an Gewicht, erreichen allerdings nicht ihr Normalgewicht. 25% der Magersüchtigen bleiben trotz Therapie chronisch krank. 10% sterben infolge der Anorexia Nervosa.[75] Die häufigsten Todesursachen sind Organversagen, Herzinfarkte, Schlaganfälle, Kreislaufkollapse, Verhungern oder Suizid.

---

[71] Vgl. Springer Medizin (2007).
[72] Vgl. Herpertz-Dahlmann (2006).
[73] Vgl. Artikelpedia.com (2009).
[74] Vgl. MCP Wolff GmbH (2009).
[75] Vgl. Genu-Vertrieb (2009).

4 Ermittlung des Flyerinhalts

4.1 Der Umgang mit Magersucht im Alltag – Umfrage

4.1.1 Vorgehensweise

Damit unser Flyer einen präzisen Informationsgehalt erhält und eine möglichst breite Bevölkerungsschicht anspricht, war es uns wichtig aufzuzeigen, dass die Menschen, egal woher oder welcher sozialen Schicht sie angehören, bezüglich der Magersucht unaufgeklärt und überwiegend hilflos sind.
Vorweg bot sich dazu ein breites Spektrum an Möglichkeiten an, wie z.B. Gespräche mit Hausärzten, Ärzten aus Kliniken, Therapeuten, Psychologen oder Angehörigen selbst. Wir entschieden uns für die Methode einer Straßenumfrage, durch die wir uns einen größeren und objektiven Einblick in die wirkliche Hilflosigkeit erhofften, als Fachleute repräsentativ beschreiben könnten. Zudem wollten wir unmittelbar mit unserer jugendlichen Zielgruppe in Kontakt treten.
Dafür wählten wir bewusst die Methode der mündlichen Umfrage. Ein wichtiger Entscheidungsfaktor war dabei unser persönliches Interesse an der Thematik, denn wie bereits erwähnt, gerieten wir in unserer Schul- und Freizeit viel mit Magersüchtigen in Kontakt. So ergab sich die Möglichkeit, anders als bei schriftlichen Umfragen, mit Angehörigen ins Gespräch zu kommen, Hintergründe zu ihren Antworten zu erfahren und diese Erfahrungen positiv für unser Projekt nutzen zu können.
Als Ort der Umfrage wählten wir eine größere Stadt. Es war uns wichtig, Hintergründen und Krankheitsverläufen verschiedener Fälle aus verschiedenen Gesellschaftsschichten und Altersgruppen zu begegnen, um über unser bekanntes Alltagsleben hinaus informiert zu werden. Dies hätten wir in unserer Schule nicht abdecken können.

Im Folgenden wird der Leser merken, dass dieser Teil der Umfrage sehr ausführlich behandelt wurde. Dies liegt darin begründet, dass wir mit großer Motivation auf die Umfrage zurückblicken und uns sehr intensiv damit beschäftigt haben. Des Weiteren können wir uns vorstellen, in unserer Zukunft, z.B. im Studium, wieder mit dieser Form der Umfrage, jedoch professioneller, zu arbeiten.
„Im Rahmen [der] ‚quantitative[n] empirische[n] Sozialforschung'"[76] wollten wir nun das Kernproblem der Machtlosigkeit erkennen, die Menschen, deren Unsicherheit und Probleme verstehen lernen und herausfinden warum nicht erwartungsgemäß

---

[76] Schumann (2006a), S.1. Weiter im Text heißt es: „ ‚Empirische' Forschung bedeutet dabei, da[ss] *Wahrnehmungen über die Realität* den Maßstab darstellen, anhand dessen beurteilt wird, ob eine Aussage (vorläufig) als ‚wahr' akzeptiert wird oder nicht. Mit ‚quantitativer' Vorgehensweise ist gemeint, da[ss] man versucht, das Auftreten von Merkmalen und ggf. deren Ausprägung durch *Messung* (Quantifizierung) zu erfassen."

erfolgreich geholfen werden kann. Die Erkenntnis der Grundproblematik ist für uns der erste Schritt um Veränderungen herbeiführen zu können und Grundlage unserer weiteren Arbeit.

An einem sonnigen Freitag, dem 31.07.2009, welcher in Rheinland-Pfalz ein Sommerferientag war und somit viele Menschen auf die Straßen zog, führten wir unsere Umfrage in der größeren Stadt Koblenz mit rund 106.500 Einwohnern[77] durch. Von 10.30 Uhr bis 17.00 Uhr befragten wir Passanten in der Löhrstraße, der belebten Fußgängerzone in Koblenz, um die vielfältigen Meinungen „shoppender" Passanten, Menschen auf dem Weg ins Schwimmbad oder Arbeitender in deren Mittagspause einzuholen, nur um einige potentielle Aufenthaltsgründe zu nennen. Folglich war die erforderliche Zufälligkeit bei der Auswahl gewährleistet.[78] Wir erlangten eine „repräsentative"[79] Zufallsstichprobe, denn Menschen jeder Sozialschicht und jeder Altersklasse hatten hier die Chance befragt zu werden. Diese zu erwartenden Ergebnisse und die Erforderlichkeit der Zufallsstichprobe erklären, weshalb wir uns bewusst gegen eine Umfrage an unserem Gymnasium entschieden haben. Wir nahmen darüber hinaus an, dass viele Betroffene in unserer Schule möglicherweise über dieselbe magersüchtige Person sprechen würden, die sie höchstwahrscheinlich über die Schule kennen gelernt haben. Durch die einheitlichen und regelmäßigen Bildungsmaßnahmen im Biologie- oder Religionsunterricht war bei unseren Mitschülern auch ein weitestgehend gleicher (Un-)Wissensstand bezüglich des Umgangs mit Essgestörten zu erwarten.

Natürlich war es für uns nicht möglich, eine Vollerhebung durchzuführen, im Rahmen einer Schularbeit ist unsere Arbeit lediglich ein sehr „verkleinertes Abbild der Gesamtheit"[80], methodisch nur ansatzweise gleich einer „repräsentativen" Umfrage, woraus sich aber auf die Grundgesamtheit in unserer Region schließen lassen könnte. Sicherlich sind diese Angaben durch die gerade einmal 134 Straßenbefragten noch sehr ungenau, dennoch liefern sie tendenzielle Eindrücke über die Realität.

Bei allen Gesprächen sicherten wir Anonymität zu und betonten die Wichtigkeit der Aufrichtigkeit für unsere Arbeit. Weil wir darüber hinaus „sozial erwünschte Aussagen"[81] vermieden, also Antworten, die nur gegeben werden, weil sie das sozial richtige Verhalten beschreiben, erzielten wir schnell das Vertrauen der Befragten und erhielten so durchweg nachvollziehbare glaubwürdige Antworten.

---

[77] Vgl. Breitbarth (2009).
[78] Vgl. dazu und im Folgenden Karmasin (2009).
[79] Für den Raum Koblenz.
[80] Schumann (2006h), S.84.
[81] Schumann (2006c), S.56-57.

4.1.1 Aufbau/Methode der Umfrage

Zu Beginn unserer Umfrage wiesen wir auf eine Schulumfrage hin, welche sich mit aktuellen Themen beschäftigt. Damit weckten wir das Interesse der Passanten, die uns zunächst für Werber bestimmter Produkte hielten und appellierten gleichzeitig an ihre Bereitschaft, unsere Arbeit erfolgreich zu unterstützen. Nachdem wir mit den Menschen ins Gespräch gekommen waren, leiteten wir direkt über zum Thema „Magersucht". Um eine „intersubjektive Nachprüfbarkeit"[82] unserer Umfrage herzustellen, mussten wir das Wort „Magersucht" jedes Mal genau definieren und abgrenzen, damit alle Befragten die gleiche Vorstellung davon hatten. Eine Umfrage muss jederzeit wiederholbar und für alle nachvollziehbar sein.[83]

Unser Fragebogen [84] begann mit einer einfach zu beantwortenden Einleitungsfrage[85], welche sogleich eine Vorfilterfrage darstellte. Sie diente der Präzision der Masse; beantwortete man diese Frage mit "nein", so wurde man zu einer Sonderfrage[86] übergeleitet und beendete nach Angaben zu seiner Person bereits die Umfrage. Uns war es wichtig, Falschaussagen zu vermindern, daher sortierten wir die Menschen, die noch nicht mit einem Magersüchtigen in Kontakt kamen und somit weitere Fragen nicht verlässlich beantworten konnten, aus. In diesem Fall interessierte uns nur, ob die Person wisse, wie sie sich bzgl. der Hilfe mit Magersüchtigen zu verhalten hätte, denn wie bereits erwähnt, wollten wir aufzeigen, wie unbeholfen und unaufgeklärt Angehörige im Umgang mit der Krankheit sind.

Um eine Gesprächssituation zu konstruieren und es für den Befragten angenehm erscheinen zu lassen, bauten unsere Fragen aufeinander auf.[87] Wir formulierten sie teils als Statements, teils als Fragen, sodass der Fragebogen nicht eintönig und langweilig erschien. Um Meinungen zu erforschen verwendeten wir stets Behauptungen, da diese sich dafür besser eignen als Fragen. Wir waren stets darauf bedacht die Fragen eindimensional, eindeutig und einfach zu formulieren, damit wir an die Befragten so wenig Anforderungen wie möglich stellten.[88] Kurze konkrete, nicht suggestive Fragen (neutrale Wortwahl) unterstützten die Schlichtheit. Geschlossene Fragen sollten uns später zudem die Auswertung erleichtern, d.h. wir gaben allerseits bekannte Antwortmöglichkeiten vor, welche eine Interpretation ausschlossen.

---

[82] Schumann (2006b), S. 13.
[83] Vgl. dazu und im Folgenden Schumann (2006b), S. 13.
[84] Dieser ist im Anhang II, A2 einzusehen.
[85] Gibt es jemanden in ihrem Bekanntenkreis, der an einer Magersucht leidet/litt?
[86] Wissen Sie, wie Sie sich verhalten müssten, falls Sie auf einen Magersüchtigen treffen?
[87] Vgl. dazu und im Folgenden Bortz (2002), S.254. Weiter heißt es: „Realistische, tatsächlich alltäglich zu hörende Behauptungen sind [Fragen] gegenüber direkter und veranlassen durch geschickte, ggf. provozierende Wortwahl auch zweifelnde, unsichere Befragungspersonen zu eindeutigen Stellungnahmen."
[88] Vgl. dazu und im Folgenden Schumann (2006d), S. 59-67.

Die Antwortvorgaben formulierten wir vollständig und bemühten uns dabei, das ganze potentielle Antwortspektrum abzudecken. Die beliebte Antwortmöglichkeit „weiß ich nicht" vermieden wir weitestgehend, da ansonsten stets eine Antwort voraussehbar war und „entscheidungsfaule" Menschen mittels dieser Angabe die Umfragewerte verfälschen würden. Außerdem wollten wir die Menschen bewusst zum Nachdenken anregen, damit ihre Aussagen stichfest und begründet sind. Nur mit klaren Antwortmöglichkeiten, wie z.B. auf die Frage „Denken Sie, Sie haben einer essgestörten Person je helfen können? – ja oder nein" konnten wir erreichen, dass den Menschen im Falle eines „nein" deutlich wurde, wie wenig Aufmerksamkeit sie der Krankheit eines Bekannten widmen und wie viel mehr sie doch tun könnten. Bei einer Hintergrundfrage zu den sozialen Verhältnissen des Betroffenen stellten wir die Antwortmöglichkeit „weiß ich nicht" zur Auswahl, da nicht vorhersehbar war, ob ein Bekannter dies wissen konnte. Somit verminderten wir das Risiko einer Falschaussage. Weiterhin beachteten wir, stets symmetrische Antwortvorgaben zu geben, sodass die Befragten sich nicht von uns in eine Richtung gelenkt fühlen würden.[89] Veranschaulicht bedeutet symmetrisch, dass sich der Mittelwert auf einer Skala von 1-5, auf Position 3 befindet: sehr stark, stark, *etwas*, weniger, gar nicht und es nicht lautet: stark, etwas, weniger, fast nicht, gar nicht.

Zur Überprüfung unseres Fragebogens führten wir einen Pretest [90] in der Fußgängerzone der Stadt Mayen (rund 20.000 Einwohner[91]) am 24.07.2009, eine Woche vor der richtigen Umfrage in Koblenz, durch.[92] Wir baten 23 Passanten, die Fragen „laut denkend" zu beantworten und Unklarheiten oder Auffälligkeiten sofort anzusprechen. Dabei fielen uns kleine missverständliche Formulierungen unseres Fragebogens auf, wie z.B., dass der Unterschied zwischen „Bekanntem" und „Außenstehendem" in einem Bekanntenkreis nicht existiert.

Mit dem auf die Anregungen mehrerer Befragter in Mayen hin ergänzten und überarbeiteten Fragebogen führten wir später in Koblenz unsere Umfrage durch.[93] Mit den Schlussfragen zur Persönlichkeit (Alter, Geschlecht) ließen wir den Fragebogen subjektiv noch kürzer als tatsächliche 3 Minuten erscheinen.[94]

4.1.2 Auswertung

Inhaltswiedergabe

Da die Auswertung aller 12 Fragen den Rahmen unserer Arbeit sprengen würde, werden wir nur auf die, für den Inhalt unseres Flyers wichtigen Antworten

---

[89] Vgl. dazu und im Folgenden Schumann (2006e), S. 68-71.
[90] Dieser ist im Anhang II, A2 nachzulesen.
[91] Vgl. Kreisverwaltung Mayen-Koblenz (2005).
[92] Vgl. Schumann (2006g), S. 76. Dieser ist im Anhang II, A1 einzusehen.
[93] Der Fragebogen, sowie ein zufällig ausgewählter ausgefüllter Fragebogen befinden sich im Anhang II, A2, A3.
[94] Vgl. Schumann (2006f), S. 75.

eingehen. [95] Die anderen Fragen stellten wir, um einen Überblick über den Betroffenen und dessen Familiensituation zu erlangen und diese mit unseren erarbeiteten Materialien zu vergleichen. Für Rückfragen zu den hier nicht berücksichtigten Ergebnissen stehen wir selbstverständlich jederzeit gerne zur Verfügung.

Von 134 Teilnehmern der Umfrage hatten 96 Menschen keinen Magersüchtigen in ihrem Bekanntenkreis und schieden somit für die nächsten Fragen aus. [96] Ihnen galt die Sonderfrage, ob sie wüssten, wie sie sich beim Zusammentreffen mit einer essgestörten Person zu verhalten hätten. Davon gaben 77% zu, sie hätten keinerlei Vorstellung. Durch diese eingesetzte Vorfilterfrage konnten wir so mit Betroffenen über deren Bekannte und ihre Krankheit sprechen, Anregungen und Informationen aus verschiedensten Fällen erlangen und erhielten gleichzeitig von Nicht-Betroffenen eine Antwort auf die für uns sehr relevante Frage bezüglich unseres Flyers.

Lediglich 28 % der Befragten kennen jemanden, der an Magersucht leidet/litt. Diese 38 Passanten stellten demzufolge unsere „neuen 100%" dar, mit denen wir weiter arbeiteten. Auf die Frage wie aktiv geholfen wurde, antworteten knapp 60% mit „gar nicht". Lediglich 5% halfen sehr bewusst. Auch die nächste Frage fiel erschreckend aus: 42% waren sich sehr unsicher im Verhalten, wie sie einem Magersüchtigen helfen können. Gerade einmal 15% wussten, was sie tun könnten, wie z.B. mit dem Betroffenen in Kontakt bleiben, ihn nicht ausgrenzen, mit ihm über seine körperlichen Veränderungen und deren Ursachen sprechen und gemeinsam Lösungs-/ Therapiemöglichkeiten suchen.

Über 80% beantworteten die Frage, ob der Passant denke, er habe einer essgestörten Person je helfen können mit „Nein" und begründeten dies 70%ig darin, dass sie nicht wissen wie. Knapp 20% fanden die Bindung zum Magersüchtigen nicht eng genug, sodass sie sich nicht getraut hätten, in sein Leben einzugreifen oder dachten ihre Hilfe würde nicht angenommen und 16% zeigten für die Krankheit eines Bekannten kein Interesse, zum Teil sogar, weil sie nicht wissen, wie gefährlich diese sein kann.

Abschließend sind 100% der Meinung, dass Schüler über ihre Hilfsmöglichkeiten gegenüber essgestörten Personen aufgeklärt werden sollten.

Interpretation und Bewertung der Ergebnisse

Bei unserer Umfrage sprachen wir mit Menschen verschiedenster Länder, Kulturkreisen und Gesellschaftspositionen; wir trafen auf Amerikaner, Chinesen, Holländer, Kinder, Erwachsene, Mütter, Studenten, Arbeitslose und vor allem auf

---

[95] Die genauen Prozentzahlen aller Fragen finden Sie im Anhang II, A4.
[96] Zur Verdeutlichung und Veranschaulichung unserer wichtigsten Ergebnisse haben wir Kuchendiagramme entworfen, welche im Anhang II, A5 zu finden sind.

Jugendliche. Dies waren exakt unsere Beweggründe, eine öffentliche Straßenbefragung durchzuführen, Erfahrungen und Anregungen aus den verschiedensten Bevölkerungsschichten zu sammeln. Die Entscheidung, über unser Alltagsleben hinaus befragen zu wollen, bereicherte unsere Arbeit in großem Maße, denn der Vielfältigkeit unserer Auswertungsmöglichkeiten waren nunmehr kaum Grenzen gesetzt. Bei unserer Umfrage, haben wir viele Meinungen über „Magersucht" sammeln können, bekamen Krankheitsverläufe aus unterschiedlichsten Orten geschildert und stellten immer wieder fest, egal in welcher gesellschaftlichen Position man sich befindet, man fühlt sich als Betroffener meist hilflos, unaufgeklärt und hofft auf außenstehende Aufklärung und Hilfe. Somit erhielten wir die angestrebten breitgefächerten Ergebnisse, die uns teilweise emotional sehr ergriffen.

Aufgrund unserer Vorarbeit wussten wir zwar, dass 1% der Mädchen im Alter von 12 bis 25 Jahren in Europa [97] an Anorexie leiden, dass aber 28% der Umfrageteilnehmer bereits mit dem Thema in Berührung kamen, ließ uns die Notwendigkeit einer Aufklärung zu dieser Krankheit noch viel wichtiger erscheinen. Nicht zuletzt durch die mangelnde Information und anders gearteten Informationen in den Medien, die Jugendliche täglich auf sich einwirken lassen, erklären wir uns die hohe Prozentzahl der nicht angebotenen Hilfe und dem einfachen Abwenden[98] von einem Essgestörten. Die Menschen wissen nicht, wie sie an das Thema heranzutreten haben und Bekannten Hilfe anbieten können. Diese These wurde bestätigt durch 84% der befragten Menschen, die sehr unsicher im Verhalten bezüglich der Hilfe eines Magersüchtigen waren. Zusätzlich gehen wir davon aus, dass diesen Menschen die Folgen einer solchen Krankheit nicht bewusst sind, die möglicherweise mit dem Tod enden kann. Einigen Personen unter diesen 84% schien durchaus bewusst gewesen zu sein, dass diese Menschen therapiert werden müssen und Fachkräfte sie „dort schon heilen werden"[99], jedoch müssen Essgestörte erst einmal den Weg dorthin finden. Dies ist der Punkt, der in unserem Flyer behandelt werden soll. Wir möchten, dass die Menschen aufhören tatenlos zuzuschauen, dass sie nicht mehr nur denken „das regelt sich schon", „was kümmert's mich?" oder „denen ist sowieso nicht zu helfen"[100]. Wir möchten, dass Menschen aktiv eingreifen und eine Ernsthaftigkeit zu dem Thema „Essstörungen" entwickeln, damit sie die Gefährlichkeit dieser psychischen Krankheit endlich verstehen. Bisher sind es lediglich 18% die denken, sie haben einem Magersüchtigen je ansatzweise helfen können. Diese Zahl ist sehr niedrig, da es demzufolge 4/5 nicht konnten. Zur Unsicherheit und Distanzierung der Bekannten zu den Betroffenen trägt sicherlich das Gefühl bei, demjenigen zu nahe treten zu können, in seine Privatsphäre eindringen zu können oder die Angst,

---

[97] Vgl. Palme (2004).
[98] Dem „sogenannten Nicht-Hingucken".
[99] Zitat eines Passanten.
[100] Zitat eines Passanten.

etwas Falsches zu sagen, sodass die kranke Person noch mehr abrutschen könnte. Wir selbst machten diese Erfahrungen in unserem Bekanntenkreis, wir fühlten uns unbehaglich und hilflos als wir zusahen, wie Mädchen unserer Stufe hungerten. Wir selbst waren mit unserem Handeln nicht zufrieden. Daher sehen wir es als vorrangige Aufgabe an, den Menschen ins Bewusstsein zu rufen, dass Magersüchtigen vom nicht-beachten der Krankheit noch viel weniger geholfen wird und durch das eigene Handeln etwas verändert werden kann. Ein Passant äußerte beispielsweise, er habe in der Schule noch nie etwas über dieses Thema gehört und Victoria Beckham mache es schließlich zu einer Modeerscheinung, sodass er sich nicht vorstellen könne, dass die Medien sie so ins Rampenlicht stellen, ohne die Folgen der Krankheit aufzugreifen. Diese Worte beeindruckten uns sehr und lassen uns Kritik an unserer Mediengesellschaft üben. Wie kann es sein, dass eine tödliche Krankheit durch einen modischen Schlankheitswahn derart „hochgepuscht" wird, deren Folgen jedoch vollkommen außer Acht gelassen werden? Wie kann man es verantworten, dass wie wir es am Beispiel des Passanten sahen, Menschen die „Magersucht" als Modeerscheinung ansehen und sich keiner Folgen der Krankheit bewusst sind: „Die machen das, um cool zu sein"?[101] Wie kann man zusehen, wie die Zahl der essgestörten Jugendlichen stetig steigt, die Magersucht gerade zu einer Modeerscheinung wird, da sich Teenager an Vorbildern, wie der erfolgreichen Victoria Beckham, orientieren? Dies lässt den Schluss zu, dass viel mehr Aufklärung in unserer Gesellschaft betrieben werden müsste. Da es uns im Rahmen unserer Arbeit nicht möglich ist, bis auf Bundesebene vorzudringen, werden wir die erforderlichen Aufklärungsarbeiten vorerst auf unsere Schule beschränken. Hierzu werden wir als geeignetes Medium einen Flyer gestalten, der die Mitschüler über diese Krankheit ausführlich informiert. Die Antworten auf unsere letzte Frage bestätigten all unsere Befürchtungen der Hilflosigkeit, der Unsicherheit und den hohen Aufklärungsbedarf, indem 100% antworteten, dass in der Schule mit der Aufklärung angefangen werden muss. In der Schule ist es möglich, alle Heranwachsenden anzusprechen. Dabei könnte eine Aufklärung nach der 10. Schulklasse schon zu spät sein, da diese Krankheit schon bei der Veränderung des Körpers und zu Beginn der Pubertät auftreten kann. Zum anderen würde es viele Jugendliche nicht mehr erreichen können, da sie die Schule bereits verlassen haben. Diese Argumentation veranlasst uns dazu, an Jugendlichen als eine Zielgruppe festzuhalten, einen anschaulichen informativen Flyer für diese Gruppe zu gestalten und an unserer Schule in geeigneter Weise zu verbreiten.

---

[101] Zitat einer älteren Passantin, die sich vor allem auf die Jugend von heute bezog.

Kritik

Allgemein rückblickend auf unsere Umfrage können wir sagen, dass uns die Methode sehr viel Spaß bereitete und verwertbare Ergebnisse lieferte. Natürlich können die von uns 138 befragten Passanten, wie oben erwähnt, nicht als repräsentativ für das ganze Bundesgebiet angesehen werden, dennoch lieferten ihre Ergebnisse für den Raum Koblenz sehr eindeutige Eindrücke, mit denen wir gut weiterarbeiten konnten.

Zu Beginn der Umfrage taten wir uns allerdings sehr schwer darin, die Menschen anzusprechen und deren Interesse für unseren Fragebogen zu wecken, was sicherlich daran lag, dass in der Löhrstraße tagtäglich Menschen für Produkte und Verträge werben oder deren Umfragen mindestens 15 Minuten einer „wertvollen" Mittagspause in Anspruch nehmen.[102] Nachdem wir dann unsere Einzelschritte veränderten und sofort auf eine Schulumfrage hinwiesen, konnten wir wesentlich mehr Schüler, Studenten, Angestellte, Arbeiter und sonstige Passanten motivieren, an unserer Umfrage teilzunehmen. Unsere Fragen waren nach den Erfahrungen aus unserem Pretest in Mayen für alle gut verständlich formuliert und lieferten uns die gewünschten Informationen.
Wir erfuhren jedoch weitaus mehr als das. Durch unsere ausgewählte Methode und die Offenheit der Passanten, die uns sehr erfreute, bekamen wir tiefe Einblicke in verschiedenste Verläufe und Ursachen der Magersucht, wie z.B. um Aufsehen zu erregen oder dein eigenen Körper kontrollieren zu wollen. Auf der Löhrstraße wurde uns, trotz unserer Vorarbeit über die Folgen der Magersucht, erst wirklich bewusst, welche Einflüsse diese Krankheit tatsächlich auf das normale Leben hat und wie sehr das soziale Umfeld darunter leidet: „seitdem haben wir nichts mehr miteinander zu tun."[103] Nicht zuletzt beeindruckte uns auch die Auffassung vieler, Magersucht sei eher „Trend" und „nur so eine Phase" als eine lebensgefährliche Krankheit.

Durch die Umfrage wurde deutlich, dass noch viel „Aufklärungsbedarf" über Magersucht besteht, gar notwendig ist, welches unsere Vermutung bestätigte. Es gibt sicherlich verschiedene Wege aufzuklären, den Betroffenen direkt und den Angehörigen Hilfestellung im angemessenen Umgang zu geben.[104] Somit wird unserem Flyer keine überflüssige, sondern eine erwünschte und wichtige Rolle zugeschrieben, nämlich die Aufklärung über eine tödliche Krankheit und das richtige Verhalten von Angehörigen mit der Animation zur Hilfe. Durch die steigenden Zahlen derer, die jährlich an Magersucht erkranken, wird das Thema in den nächsten Jahren weiterhin akut und aktuell bleiben.[105] In Deutschland besteht

---

[102] Vermutung eines Passanten.
[103] Zitat einer Passantin.
[104] Warum wir uns gerade für den Flyer und nicht z.B. für die Form eines Vortrags entschieden wird auf Seite 47 erläutert.
[105] Vgl. imedo GmbH (2009).

Handlungsbedarf und wir möchten mit unserem Flyer an unserer Schule einen kleinen Beitrag für einen ersten Schritt in die richtige Richtung leisten.

4.2 Interviews mit betroffenen Magersüchtigen

4.2.1 Entwicklung der Interviewmethode

Auf dem Weg zur Gestaltung des Informationsflyers gelangten wir schließlich an den Punkt, an dem wir auch mit den Betroffenen selbst sprechen wollten. Um auch individuelle und vor allem authentische Eindrücke zu sammeln, wollten wir „aus erster Hand" erfahren, wie es den Betroffenen ergeht. Also planten wir bestimmte Interviews, in denen es uns vor allem um die Erfahrungen mit den Reaktionen des Umfelds und dem eigenen Verhältnis zur Krankheit ging, damit wir einen möglichst gültigen Informationsgehalt in unserem Flyer vermitteln können.

Zunächst begannen wir mit der Entwicklung eines Fragenkatalogs:

1) Vorgeschichte / Anfänge & Verlauf der Krankheit
2) Hast du registriert, dass du Magersüchtig bist? Wann wurde dir klar, dass du magersüchtig bist?
3) Welche Folgen hat / hatte die Krankheit für dich? Psychisch & Physisch
4) **Gefühlszustand / innere Verfassung während Krankheit**[106]
   → **Ziele, die man mit Magersucht erreichen wollte / will**
   → **Woran hat man gedacht / was hat man verdrängt?**
   → **Eigene Definition von Magersucht? Reine Krankheit?**
5) Wusste dein Umfeld, dass du magersüchtig bist? Wenn ja, ab / seit wann? Familie / Freunde – Unterschiedlich?
6) Reaktion des Umfelds (= Angehörige) -> Hilfe angeboten? Abweisend? Neutral?
7) Fandest du die Reaktion deines Umfelds angemessen?
8) **Welche Reaktion / Art der Hilfe wäre für dich wünschenswert gewesen / ist für dich wünschenswert?**
9) Stand der Dinge heute? Therapie? Noch krank?
10) Was du noch zu diesem Thema zu sagen hast / was dich bewegt.

Wir legten besonderen Wert auf den Bezug der Betroffenen zum Umfeld[107] und die innere Auseinandersetzung mit der Magersucht[108]. Mit den Antworten wollten

---

[106] Die fettgedruckten Fragen sind die zentralen Fragen unseres Interviews.
[107] Siehe Fragen 5-8.

wir dann wichtige Bestandteile unseres Flyers definieren. Zum einen ist es unsere Absicht, so auf Fehlverhalten aufmerksam zu machen und aus der Sicht der Betroffenen zu erfahren, welche Art und Weise von Hilfe ihnen am liebsten gewesen sei, oder ob sich ihr Umfeld bereits angemessen verhalten hat.

Damit die Angehörigen verstehen, warum sie handeln müssen, möchten wir außerdem hervorheben, wie es den Betroffenen geht und warum sie so handeln, wie sie handeln, da wir bereits in unserer Umfrage oftmals bemerkten, dass viele nicht nachvollziehen konnten, warum Magersüchtige hungern.

Weiterhin stellen wir allgemeinere Fragen [109] über den Werdegang und den aktuellen Zustand der Personen, um trotz Anonymität[110] einen Zusammenhang zwischen Ursachen, Entwicklung und Reaktionen des Umfelds herstellen zu können. So entstehen keine Missverständnisse und wir können eventuelle Auslöser oder Folgen mit den Reaktionen der Angehörigen, die für uns so wichtig sind, besser verknüpfen.

Wir haben vorab sechs magersüchtige Mädchen befragt, mit denen wir auf verschiedene Art und Weise die Interviews durchführen wollten: Ein Interview sollte **Vis-à-vis** durchgeführt werden, das zweite per **Telefon** und die anderen per **Email**. Dies haben wir absichtlich geplant, um den einzelnen Betroffenen Raum zu geben, mehr oder weniger von sich zu erzählen. Wir sahen in jeder Methode Vor- und Nachteile und um eventuelle Kommunikationsbarrieren [111] zu umgehen, entschlossen wir uns für eine gemischte Interviewreihe.

Dennoch war es uns wichtig, mit mindestens einer Person ein **direktes Gespräch** zu führen, da wir die Emotionen, die eine solche Krankheit hervorruft, miterleben wollten, auch wenn spekulierten, einen nicht so großen Informationsgehalt zu erreichen. Außerdem war es in diesem Interview möglich, Missverständnisse bei Fragen zu beseitigen und somit eine ausführlichere Antwort zu erhalten oder noch einmal selbst bei gewissen Verständnisproblemen unsererseits nachhaken zu können. Ein **Telefonat** war unserer Meinung nach ein Mittelweg; bei dem es dem Betroffenen möglich war, nicht von zwei Interviewern und deren Blicken beeinflusst zu werden und somit mehr preisgeben zu können als im ersten Interview. Für die **Email**methode sehen wir es als großen Vorteil an, dass die Betroffenen sich die benötigte Zeit nehmen konnten, um bestimmte Zusammenhänge ihrer Krankheit bedacht, wahrheitsgemäß und vollständig in Worte zu fassen ohne sich durch unsere Anwesenheit unter Druck gesetzt zu fühlen.

---

[108] Siehe Frage 4.
[109] Siehe Fragenkatalog S.34, Fragen 1-3, 9-10.
[110] Der Grund für die Wahrung der Anonymität ist auf Seite 5 angegeben.
[111] Mit Kommunikationsbarrieren meinen wir vor allem, dass man bei der Antwortmöglichkeit per Email mehr in Worte fassen kann, als eventuell in einem echten Gespräch, wo der Interviewte fast fremden Menschen gegenübersitzt und – so vermuteten wir – mangels Vertrauen nicht alles offenbaren möchte oder kann.

Wir können schon im Voraus sagen, dass unser Methodenbündel gut funktioniert hat und wir tatsächlich viele Eindrücke auf verschiedenen Ebenen sammeln konnten. Mehr dazu wird in den ausführlichen Beschreibungen der einzelnen Interviews erläutert.

Von den sechs betroffenen Mädchen hat eines gleich abgesagt. Den Grund dafür wollte sie uns nicht nennen. Wir können uns vorstellen, dass sie uns eventuell keine Erfahrungen preisgeben wollte, weil sie dieselbe Schule besucht wie wir und wir somit in ihrem näheren Umfeld stehen. Wahrscheinlich wollte oder konnte sie zu uns nicht genügend Vertrauen aufbauen.
Mit den anderen Mädchen jedoch führten wir ausführliche, sehr berührende und informative Interviews, die wir im Folgenden genauer vorstellen werden.

4.2.2. Die einzelnen Interviews

Vis-à-vis

Unsere erste auserwählte Methode war ein Interview von Angesicht zu Angesicht. Zu dritt sprachen wir am 01.10.2009 an einem neutralen Ort circa eine Stunde lang mit der Betroffenen über ihre Krankheit, die Magersucht. Die Person ist weiblich, 1.72 m groß und wog ursprünglich 58 kg. Sie ist 18 Jahre alt und besucht die 13. Klasse eines Gymnasiums.

Schon mit 11 Jahren machte sie trotz Normalgewichts regelmäßig Diäten, bei denen ihre Mutter sie unterstützte. Ihr Gewicht blieb in dieser Zeit konstant, aber das schlechte Verhältnis zu ihrem Körper nahm zu. Ihre Vorgeschichte ist geprägt von schlechten, traumatischen Erlebnissen ihrer Kindheit. Als sie 12 Jahre alt war, trennten sich ihre Adoptiveltern. Das Mädchen war auf der Suche nach Halt, welcher die Magersucht ihr vermeintlich anbot, „sie gibt einem das, was man braucht." Jetzt Kontrolle über sich und ihren Körper zu erlangen waren die Hauptaspekte für die Flucht in die Krankheit. Sie wollte wenigstens Macht und Einfluss auf sich selbst haben.
Mit 14 begann dann ihre eigentliche Krankheit. Sie hörte auf zu essen, malte sich aus, wie fett sie sonst würde und führte Rituale ein, wie z.B. Farbentage, an denen sie nur Grünes aß, wie Gurken oder Salat, „die grünen Tage waren relativ vielfältig, weil das meiste Gemüse grün ist." Ihre Mutter arbeitete viel, sodass die Betroffene innerhalb von 3 Wochen 5 kg abnehmen konnte. Als sie nur noch 50 kg wog und immer weiter abnahm, engagierte ihre Mutter im Verlauf der Zeit mehrere Therapeuten und das Mädchen führte „erfundene Essenstagebücher." In Wirklichkeit aß sie fast nichts. Das Vertrauen ihrer Mutter nutzte sie aus, indem sie ihr Essen einfach wegwarf, denn diese war selten zu Hause. „Ich verstand nicht, dass es eine Krankheit ist", sagt sie, „ich dachte, ich hätte mich unter Kontrolle

und könnte jederzeit aufhören!" Überkam sie der Hunger, kaute sie das Essen, um den Geschmack zu empfinden, spuckte es aber wieder aus. „Hatte ich das Gefühl nur das geringste geschluckt zu haben, trank ich ganz viel Essigwasser und kotzte alles wieder aus, bis ich wusste, es konnte nichts mehr in mir sein", berichtet sie. Mit 40 kg ließ ihre Mutter sie zwangseinweisen. In der Klinik verlor sie in den ersten 2 Wochen weitere 5 kg, da die Ärzte ihr Essverhalten zunächst analysierten. Mit 35 kg musste die Jugendliche ins Krankenhaus, nicht nur ihr Körper drohte zu versagen, auch auf kommunikativer Ebene versagte sie, denn sie litt an schweren Konzentrationsschwächen, „ich konnte Gesprächsverläufen nicht mehr richtig folgen, denn ich verlor stets den roten Faden und vergaß was ich antworten wollte." „Am 1. Juni hatte ich einen Herzstillstand und musste in ein künstliches Koma gelegt werden", teilte sie uns mit. Sie bezeichnet diesen Punkt als ihr Schlüsselerlebnis, denn zum ersten Mal wurde ihr bewusst, dass sie wirklich krank ist. Ein halbes Jahr verbrachte das Mädchen anschließend auf der geschlossenen Station der Klinik. In den ersten 3 Monaten schaffte sie es gerade einmal, 5 kg zuzunehmen, „ich habe geheult, ich habe geschrien, weil ich nicht auf die Waage wollte", erzählt sie bestürzt. „Ich dachte ich sterbe, wenn ich 100 g mehr wiege", gesteht das Mädchen, „zuzunehmen war so viel schwerer als abzunehmen!" Der Konkurrenzdruck mit den anderen Magersüchtigen machte es ihr noch schwerer, „wir haben uns gegenseitig fertig gemacht, jede wollte die dünnste sein." Darum gab es einen Gewichtsgrenzenvertrag in ihrer Klinik, d. h. mit dem Erreichen eines bestimmten Gewichts, bekam sie mehr Freiraum. Nach 5 Monaten durfte sie zum 1. Mal ein Wochenende nach Hause. Dort wurde ihr richtig bewusst, „ich muss ‚gesund' werden, wenn ich nach Hause will."
Sie machte viele Therapien, jedoch das einzig effektive war es, in der Klinik zu lernen, wieder zu essen.

Die Reaktionen in ihrem Umfeld waren geteilt, ihre Mutter „machte dicht." Der Rest ihrer Familie schämte sich für sie und leugnete ihre Krankheit, denn „so etwas durfte es in unserer Familie nicht geben." Dies machte sie traurig, denn sie hätte sich gewünscht, dass zumindest ihre Mutter sie auf diesem Weg begleiten würde. Aber ihre Mutter fasste die Essstörung als persönliche Beleidigung auf, als wolle sie „Unheil über die Familie bringen". Ihre Lehrer ignorierten ihre Gewichtsabnahme von 25 kg total. Die Jugendliche deutet diese Reaktionen als Hilflosigkeit. Nur ihre Freunde machten sich offen Sorgen um sie und boten ihr Hilfe an. Sätze wie „Kann ich dir helfen?" freuten dieses Mädchen ungemein. Auch während ihres Klinikaufenthaltes schickten ihre Freunde ihr Plakate, CDs mit Audioaufnahmen, Bücher, Briefe etc. „Meine Freunde haben nicht aufgehört an mich zu glauben, ohne sie hätte ich es nie geschafft", offenbart sie uns. Dieser Rückhalt gab ihr Kraft, ein gesundes Körpergewicht zu erreichen, denn sie wollte wieder nach Hause, ein „normales" Leben mit ihren Schulkameraden führen.
Als sie zurück kam, wurde sie sofort wieder in die Gruppe aufgenommen. Jedoch war sie total überfordert mit ihrem Alltagsleben, nach solch einer langen Zeit, in

der sie sich ausschließlich mit sich selbst beschäftigen musste. Ihr Mittel zum Druckabbau wurde die Selbstverletzung. Denn sie wusste, sobald sie aufhöre zu essen, musste sie zurück in die Klinik. Die Selbstverletzung ersetzte die Flucht in die Magersucht. In ihrem Kopf existiert die Magersucht noch immer, nur hat sie gelernt damit umzugehen. „Man muss erkennen, dass es sich lohnt zu leben, sonst wird man nicht gesund", erklärt sie. Die Jugendliche beschreibt Ziele, die man sich setzen muss und ansonsten nicht erreichen kann. Ihre Freunde sind der Grund, warum sie immer weiter gegen die Magersucht ankämpft, „denn sonst verlier[t] [sie] alles, was [sie] ha[t]." Im Alltagsleben führt die Krankheit trotzdem manchmal zu Beziehungsproblemen, da es ihr schwer fällt zu glauben, geliebt zu werden, wenn sie selbst solch einen Hass gegen ihren Körper verspürt.

Sie charakterisiert die Magersucht als einen Teil von ihr, welcher stets in ihrem Kopf ist. Anorexia Nervosa ist wie eine beste Freundin, ein ständiger Begleiter. „Die Magersucht verändert Menschen", sagt sie. Äußerst wichtig ist es ihr, dass Menschen verstehen, dass die Magersucht eine Krankheit ist und keine Einbildung, wie sie sich oft anhören musste. „Man kann es nicht einfach ‚werden', weil man ‚cool' sein möchte", äußert sie. Die Magersucht „gaukelt" einem Menschen vor, Kontrolle über sich zu haben, was aber sehr paradox ist, da man irgendwann nicht mehr aufhören könne zu hungern, beschreibt sie uns. Trotzdem erlange man anhand der Magersucht Macht über den eigenen Körper. Sie spricht von Engel und Teufel, die gegeneinander ankämpfen, der Teufel siegt jedoch ständig.

Weiter beschreibt das Mädchen, dass das Essen nur das Symptom dieser Krankheit ist und nicht die Ursache. Eine Hilfe muss an den Wurzeln ansetzen. Von Menschen in ihrer Umgebung fand sie es schön zu hören, dass ihnen auffällt, dass etwas nicht stimmt. Wärme, Verständnis und das Gefühl von Freunden aufgefangen zu werden, ist das, was ein Kranker braucht. Fällt Außenstehenden eine Veränderung auf, sollen sie mit den engen Freunden des Betroffenen darüber reden, damit letztere dies an die Erkrankte herantragen können. Hilfe von Freunden nehmen Essgestörte viel eher an, als von flüchtigen Bekannten.

Die körperlichen Folgen[112] der Jugendlichen sind verkleinerte Organe wie Niere, Leber und Herz. Ihr Herzinfarktrisiko ist erhöht. Zudem bekam sie dünnere Haare, eine Lanugo-Behaarung, hat eine niedrigere Knochenmasse als „normal" und wird momentan auf Diabetes untersucht, da ihr Blutzuckerwert zu hoch ist.

Wenn sie etwas durch die Krankheit erkannt hat, dann, dass es sich lohnt zu leben und dass man es genießen sollte. Am ersten Tag, als sie nach 2 Monaten wieder raus durfte, rannte sie barfuß über die Wiese und „fühlte [s]ich wie im Himmel." Nun möchte sie anderen Betroffenen helfen und ist zudem sehr begeistert von der Idee unseres Flyers. Sie hat begriffen, dass es darum geht, dass man atmet, lebt und dass es Menschen gibt, die sie lieben wie sie ist, egal in welchem Zustand oder welcher Laune sie sich befindet, diese Menschen sind einfach immer für sie

---

[112] Die Entstehung der körperlichen Schäden ist auf Seite 24 aufgeführt.

da. „Das ist mehr wert als alles andere." Demzufolge kämpft sie immer weiter gegen diese Krankheit an, schließlich will sie später ihren Kindern nichts von ihrem Essverhalten mitgeben.

Abschließend betont sie noch einmal die Notwendigkeit der Aufklärung. Ihrer Meinung nach können Menschen vor der Magersucht bewahrt werden, wenn man früh genug einschreitet. Die Unterstützung von Freunden und der Familie spielen eine wichtige Rolle bei der Heilung dieser psychischen Krankheit. Menschen müssen anfangen zu handeln und aufhören nur zuzusehen. Eine Hilflosigkeit mit Ignoranz, Sprüchen oder Ausgrenzung zu überspielen ist das schlimmste was einem Essgestörten angetan werden kann.

Wir waren sehr erfreut über ihre Ansichten, da wir in unserem Flyer deutlich darauf hinweisen werden, wie man sich bestenfalls gegenüber einem Kranken verhalten soll. Wir finden es sehr schön, dass dieses Mädchen es gelernt hat, mit der Krankheit umzugehen und sind inspiriert für unsere weitere visuelle Arbeit. Im Nachhinein waren wir überrascht, wie viele Informationen wir mittels dieser Methode erlangen konnten. Das uns bekannte Mädchen betrachtet ihre Krankheit mit einem gewissen Abstand, sodass sie ihre Erfahrungen gut in Worte fassen konnte.

Telefon

Das originale Telefoninterview[113] beinhaltet sowohl die allgemeineren Fragen als auch die, die für unseren Informations-Flyer am wichtigsten sind. An dieser Stelle werden wir nur die wichtigsten Antworten zusammenfassen, um in Kapitel 5.2.3 zusammenfassend erklären zu können, welche Aspekte uns für den Flyer am wichtigsten erschienen.

Das Mädchen, mit dem wir telefoniert haben, ist etwa 18 Jahre alt, befindet sich gerade – genau wie wir – in den Vorbereitungen für ihr Abitur und fing schon im Alter von 13 Jahren mit Diäten an. Die Diäten wurden immer häufiger, je mehr sie von ihren Klassenkameraden aufgrund ihres Äußeren gehänselt wurde. Schließlich begann sie, Gegessenes auch zu erbrechen und beschäftigt sich heute jeden Tag nur noch mit Essen oder Nichtessen. Sie erkennt ihre Magersucht als solche an, aber scheut sich immer noch vor einer Therapie.

Als die Lehrer ihrer Schule einen Klinikaufenthalt einleiteten, glaubten die Eltern nicht an die Krankheit und sie konnte die Therapie nach 2 Wochen abbrechen. Die Eltern redeten nicht mit ihr über diesen Vorfall, jedoch machten sie ihr in Phasen, in denen sie weniger aß klar, dass sie dieses Verhalten nicht akzeptierten. Heute wohnt sie alleine und kann ihr Essverhalten ohne das Zutun ihrer Eltern

---

[113] Die ausführliche Zusammenfassung des gesamten Telefonats ist im Anhang III, A1 zu finden.

kontrollieren. Die Eltern haben ihren Einfluss damit völlig verloren und sie wird mit ihnen auch nicht mehr über Therapieversuche reden.

In der Schule, in der viele wussten, dass mit ihr etwas nicht stimmte, wurde sie anhand spöttischer Bemerkungen ausgegrenzt. „Denk dran, Ana ist nicht deine Freundin" – eine Andeutung an die „Pro-Ana-Weblogs" [114] im Internet - und ähnliche Aussagen gehörten zum Alltag, weshalb sie auf ihrer neuen Schule niemandem von ihrer Essstörung erzählt. Weil sie sich sehr stark isoliert hat, haben sich sehr viele Freunde von ihr abgewandt, die mit ihrer Veränderung nicht zurechtkamen. Sie sei eine „faule Socke", weil sie nichts mehr unternehme.

Verständnis erhält sie von niemandem, daher ist ihr größter Wunsch Rückhalt „und vor allem will [sie] endlich keinen Spott mehr hören." Man solle nicht versuchen, dem Betroffenen klarzumachen, dass es alles „Einbildung" oder „nicht so schlimm" sei, oder derjenige sich „einfach etwas zusammenreißen" solle.

Unsere Gesprächspartnerin sagt, wenn sie nicht magersüchtig wäre, wäre sie drogen- oder alkoholabhängig. Sie meint also, dass ihr Körper, den sie immer dünner werden lässt, nur Mittel zum Zweck ist. Sie braucht „irgendetwas" an dem sie sich festklammern kann, um ihre teils traumatische Vergangenheit aufzuarbeiten oder zu verdrängen. Das Abnehmen an sich spielt bei ihr schon lange keine Rolle mehr.

Email-Antworten[115]

Da die Antworten, die wir per Email bekamen, für sich selbst sprechen, werden wir auch hier nur kurz herausstellen, welche die wichtigsten Aspekte waren, die uns in unserer Arbeit weitergebracht haben.

Bei der **ersten Befragten** spielte die Klassenlehrerin eine zentrale Rolle, was den Weg der Besserung anging. Sie hat sie sehr unterstützt, auch wenn die Befragte zunächst alle Versuche abblockte. Die Lehrerin „nervte" die ungläubigen Eltern so lange, bis die Jugendliche in die Klinik eingewiesen wurde. Ihre Eltern verdrängten die Magersucht lange Zeit. Die Mutter der Jugendlichen versuchte auf aggressive und provokante Art und Weise ihre Tochter auf ihre Essstörung hinzuweisen. Dieses Verhalten stuft die Befragte als nicht angemessen ein, jedoch kann sie es ihrer Mutter nicht übel nehmen. Sie sieht die Schuld bei sich selbst, sie habe ihre Mutter erst in eine solch komplizierte Situation gebracht, in der diese sich nicht zurechtfinden konnte.

Das Mädchen musste sich viele „dumme Sprüche" anhören und meint, dass man niemals versuchen sollte, sich insofern mit der Krankheit des Magersüchtigen zu beschäftigen, als dass man ihm krampfhaft Essen anbietet oder ihn mit seiner

---

[114] Auf Seite 18 ist die Bedeutung von „Pro Ana Weblogs" ausführlicher erklärt.
[115] Die vollständig ausgefüllten E-Mail-Fragebogen befinden sich im Anhang III, A2.

Krankheit aufzieht. Eher sollte man etwas mit demjenigen unternehmen, um ihn abzulenken.

Ihre Ziele in der Magersucht waren glücklich zu sein und Erfolg zu haben. Sie hat alle Hilfeversuche verdrängt. Zwar dachte sie oft über Risiken nach, aber sie hat dennoch weitergemacht.

Sie definiert Magersucht als Krankheit, die weitaus mehr impliziert als hungern und die Absicht, „wie ein Promi auszusehen". Es gibt immer einen Grund, beispielsweise Mobbing oder Probleme in der Familie. Somit entwickelt man ein Idealbild von sich selbst, welches immer ferner rückt, je mehr man versucht ihm gerecht zu werden. Die Unzufriedenheit wächst somit ebenfalls und das einstige Streben nach Glück wird immer mehr zu einer Utopie.

Die **zweite Betroffene**, die uns per Email antwortete, mochte sich nicht sehr ausführlich zur Reaktion ihres Umfelds äußern, jedoch lässt sie in ihren Antworten durchklingen, dass sie vor allem unter dem Einfluss ihrer Schule leiden musste. Dort wurde sie als „Aussätzige" behandelt und fühlte sich dadurch sehr vernachlässigt und gedemütigt. Auch ihre Angehörigen reagierten eher verständnislos.

Sie wünscht sich eine bessere Kontrolle in Kliniken, auch wenn sie es vermutlich zu Zeiten ihrer eigenen stationären Therapie abgelehnt hätte, da sie viele Anläufe brauchte und auch ihre erste Therapie als „unnötig" empfand. Sie sagt, sie hatte genug Möglichkeiten, auch in der Klinik weiterhin abzunehmen, da sie den Sinn zunächst nicht begreifen wollte.

Die Symptome ihres Körpers während ihrer Magersucht hat sie völlig ignoriert, sodass sie viele Male zusammenbrach. Auch sagt sie, dass hinter Magersucht mehr steckt, als reines Abnehmen. Sie nennt als Ursachen[116] die Scheidung der Eltern, ein schlechtes Verhältnis zu ihnen sowie pubertäre Veränderungen.

5.2.3 Verwertbare Aussagen

Die Interviews haben uns, was das Verständnis für Magersucht angeht, insgesamt sehr geholfen. Wir konnten erkennen, dass diese Essstörung mehr bedeutet als nur bloßes Hungern, um später dünn zu sein. Mit Hilfe der Aussagen der Befragten entwickelten wir visuelle Ansätze, mit denen wir in unserem Flyer arbeiten wollen.

In dem **vis-à-vis Interview**, welches wir unter 6 Augen durchführten, stellte sich am Ende eine Metapher heraus, die wir gerne umsetzen möchten. Die Befragte befand sich immerzu in einem Zustand zwischen „gesund werden wollen" und „weiter abnehmen". Sie fühlte sich, als säße auf der einen Schulterseite ein Engel,

---

[116] Mehr zu den Ursachen für die Entstehung einer Magersucht ist in Kapitel 3.3 nachzulesen.

der versuche sie zur Vernunft zu bringen – sie zur Gesundheit zu bringen. Auf der anderen kämpfe ein Teufel um ihre Aufmerksamkeit, der viel stärker sei als der Engel und sie ständig alle Gefahren und Folgen hat vergessen lassen. [117] Außerdem machte uns das Mädchen, als sie von ihrem klinischen Tod erzählte, klar, dass Magersüchtige dem Tod näher stehen, als sie vielleicht glauben. Auch diesen Aspekt wollen wir in unserem Flyer betonen.[118]

Aus dem **Telefonat** konnten wir vor allem richtige und falsche Handelsweisen erfassen. Beistand, Rückhalt, die Krankheit ernst nehmen und einige andere wichtige Faktoren, die sich die Betroffene anstelle von Spott und Schuldzuweisungen gewünscht hätte, wollen wir gerne an alle, die unseren Flyer einsehen werden, vermitteln.[119] Auch sie könnte jeden Moment aufgrund ihrer Abnahme und dem Erbrechen sterben, wenn sie nicht bald Hilfe bekommt und diese annimmt. Es ist uns also doppelt wichtig, den Angehörigen und Außenstehenden klarzumachen, dass der Tod bei einer solchen Krankheit weder zu unterschätzen noch zu verachten ist. Es ist wichtig, Magersüchtige nicht aufzugeben, auch wenn sie alle Hilfeversuche ablehnen.

Die Erkenntnis, dass das Idealbild, je länger man versucht, ihm gerecht zu werden, immer ferner rückt und die Ansprüche immer höher werden, konnten wir aus den **Email-Antworten** ziehen. Der Betroffene sieht sich ganz anders, als er eigentlich ist und dies wollen wir im Flyer ebenfalls durch ein Foto klar machen.[120] Auch hier konnten wir wieder erkennen, dass man Magersüchtige beispielsweise in der Schule nicht anders oder mit spezieller Vorsicht behandeln sollte, als gesunde Menschen. Dies provoziert nämlich bei den Betroffenen viel eher negative Gefühle und derjenige könnte sich womöglich ausgeschlossen und nicht akzeptiert fühlen.

Die hier genannten wichtigen Aspekte haben wir alle in unseren Flyer eingearbeitet. Die Gestaltung und deren Begründung wird in Kapitel 5.2 erklärt.

---

[117] Die visuelle Umsetzung dessen kann in Kapitel 5.2 „Was ist Anorexia Nervosa?" eingesehen werden.
[118] Die visuelle Umsetzung dessen kann in Kapitel 5.2 „Wo findet man professionelle Hilfe?" eingesehen werden.
[119] Die visuelle Umsetzung dessen kann in Kapitel 5.2 „Was kann ich tun?" eingesehen werden.
[120] Die visuelle Umsetzung dessen kann in Kapitel 5.2 „Anzeichen" eingesehen werden.

5 Erstellen des Flyers

5.1 Konzept

Wir haben uns für die Form des Flyers entschieden, da dieser für uns die ideale Möglichkeit zur Umsetzung unserer Ziele darstellte. Zum einen hatten wir großes Interesse am eigentlichen Prozess seiner Gestaltung und zum anderen nehmen wir an, dass diese Art der medialen Information von den potentiellen Betrachtenden sehr gut angenommen wird: Im Bedarfsfall wird der Flyer sicherlich öfter genutzt, als z.B. die Gedanken an eine Informationsveranstaltung über Magersucht oder eine Theateraufführung. So haben die Angehörigen „etwas in der Hand", auf das sie im Zweifelsfall zurückgreifen können. Darüber hinaus lag die Gestaltung und Planung eines Flyers durch eigens erarbeitete Informationsinhalte im Rahmen unserer Möglichkeiten.

Der Flyer ist ein Faltblatt, welches aus acht Seiten besteht und nach der Wickelfalztechnik [121] gefaltet ist. Neben der Titelseite [122], mit der wir die Aufmerksamkeit des Betrachters auf den Flyer ziehen wollen, wird der Informationsflyer in mehrere informative Teile gegliedert:

- Die Definition von Magersucht aus der Sicht eines Betroffenen
- Die Folgen der Magersucht
- Woran kann man einen Magersüchtigen erkennen
- Wie kann man einem Magersüchtigen helfen
- Wo findet man professionelle Hilfe?

Zuerst möchten wir sowohl anhand von erarbeitetem Material aus Fachlektüren als auch aus den Interviews allgemein über die Bedeutung der Essstörung **Magersucht** aufklären und sie auf visueller Basis **definieren.**[123] Dies bedeutet, dass wir nachvollziehbar informieren möchten, was Magersucht für einen Betroffenen bedeutet und wie es in seiner Gefühlswelt aussieht. Natürlich gibt es dafür kein universelles Beispiel, jedoch haben wir einen visuellen Weg gefunden, der uns plausibel erscheint, da er alle wichtigen Fakten beinhaltet und auch von unseren Interviewpartnern anerkannt wurde.
Weiterhin wollen wir auf die gravierenden **Folgen**[124] aufmerksam machen, derer sich viele Außenstehende überhaupt nicht bewusst sind und so zum Handeln animieren. Wir möchten, dass sie unseren Leitspruch „Besser zwei Mal zu viel, als ein Mal zu wenig geholfen" verinnerlichen und für das Thema Magersucht sensibilisiert werden. Dazu benutzen wir die spezielle „Wickelfalz-Technik" des

---

[121] Diese Technik wird auf Seite 45 ausführlich beschrieben und dargestellt.
[122] Die Titelseite wird auf Seite 47 erläutert und aufgeführt.
[123] Die Umsetzung dessen ist mit genauer Erläuterung auf Seite 48 einzusehen.
[124] Die Umsetzung dessen ist mit genauer Erläuterung auf Seite 54 einzusehen.

Flyers, die wir absichtlich dem „Zickzackfalz" vorgezogen haben. Mit dieser erzielen wir einen bestimmten Effekt, der in Kapitel 5.2 noch genauer erklärt wird. Zusätzlich erklären wir, wie man **einen Magersüchtigen eventuell erkennen**[125] kann. Um zu zeigen, dass man nicht „alle in einen Topf werfen kann", bringen wir sowohl Zitate aus der Fachliteratur als auch aus unseren Interviews an. So wollen wir den Angehörigen eine Grundlage schaffen, damit sie sich orientieren können. Schließlich möchten wir mit Hilfe des Flyers auch aufzeigen, **wie man helfen kann**[126] und dass es wichtig ist, frühzeitig auf die Person zuzugehen, um zu verhindern, dass die Krankheit nicht noch schlimmer wird.

Da es sehr wichtig ist, auch **Hilfe von außen** in Form von Therapeuten, Ärzten oder anderen Beratungsstellen zu beziehen, werden wir auf der 2. Außenseite unseres Informationsflyers hilfreiche Adressen und Telefonnummern in eine Kreuzform einfügen.[127]

Bei der Gestaltung unseres Flyers, legen wir besonderen Wert darauf, dass wir nicht, wie oft üblich, Punkte aufzählen, wie „1. Ruhe bewahren", „2. Zum Psychiater schicken", „3. ...", sondern die Situation aus dem Blickwinkel der Betroffenen betrachten. Wir möchten aus der Sicht der Magersüchtigen auf Dinge hinweisen, die für den Umgang vor, während und nach der Therapie wichtig sind, damit die Betroffenen nicht den Boden unter den Füßen verlieren, ausgeschlossen werden oder andere Probleme entwickeln, die mit einem angemessenen Verhalten der Angehörigen vermieden werden könnten. Dazu ist es uns sehr wichtig, dass wir auf gestalterischer Ebene viele Eindrücke der Betroffenen vermitteln können, die zur Erkenntnis des Betrachters führen. Mit dieser Erkenntnis meinen wir vor allem, dass „der Ernst der Sache" erfasst wird. Wir möchten erreichen, dass die Krankheit von den gesunden Menschen genau so respektiert wird, wie beispielsweise Krebs, der eine rein körperliche Krankheit ohne psychische Ursachen ist. Während unserer Umfrage wurde uns nämlich klar, dass viele diesen Schritt noch lange nicht verinnerlicht haben. Unser ausführliches visuelles Konzept für den Flyer ist in Kapitel 5.2 detailliert aufgezeigt.

Natürlich können wir mit diesem Flyer keine universelle Anleitung zum Handeln entwickeln, denn jeder Fall hat individuelle Gesichtspunkte. Auch können wir damit nicht die Genesung jedes Magersüchtigen garantieren. Jedoch möchten wir unsere Erfahrungen und Eindrücke in Form dieses Flyers mit anderen teilen und hoffen, dass wir so zu einem besseren Umgang zwischen Betroffenen und Angehörigen, der Bekämpfung der Hilflosigkeit und vor allem Stärkung der Aufmerksamkeit und der Akzeptanz für die Krankheit beitragen können.

5.2. Erklärung und Interpretation der einzelnen Flyerseiten

---

[125] Die Umsetzung dessen ist mit genauer Erläuterung auf Seite 51 einzusehen.
[126] Die Umsetzung dessen ist mit genauer Erläuterung auf Seite 52 einzusehen.
[127] Die Umsetzung dessen ist mit genauer Erläuterung auf Seite 55 einzusehen.

Für die nun folgende Erklärung und Interpretation des Flyers empfehlen wir, den beigelegten Muster-Flyer[128] zur Hand zur nehmen, um die Beschreibungen besser nachvollziehen zu können.

Zunächst ist zu sagen, dass der Flyer in DIN-Lang (Höhe: ~21cm; Breite ~39cm) angelegt wurde und ein Dreibruch-Wickelfalz ist, da wir 8 Seiten vorgesehen haben. Im Gegensatz zum Zickzackfalz ist der Wickelfalz eine Faltung des Flyers ohne Richtungswechsel. In unserem Fall sieht der Flyer später also so aus:[129]

Abbildung 13: Wickelfalz
Quelle: Eigene Darstellung

Wir werden nun die Interpretation und die Beschreibung der Funktionen aller Seiten in folgender Reihenfolge präsentieren:

1. *Titelblatt des Flyers*
2. *Die Innenseite des Flyers*
   - Was bedeutet Anorexia Nervosa?
   - Anzeichen
   - Was kann ich tun?
3. *Die Außenseite*
   - Schwerwiegende Folgen/Risiken
   - Wo findet man professionelle Hilfe?
   - Freie Seite

---

[128] Dieser befindet sich auf der letzten Seite unseres Anhangs.
[129] Impressionen von unserer Arbeit hinter den Kulissen sind im Anhang IV, A2 vorzufinden.

Da uns im Laufe unserer Arbeit bewusst geworden ist, dass sich nicht jeder Angehörige so intensiv mit der Krankheit beschäftigt hat und ein so hohes Interesse daran hegt, wie wir, haben wir uns dazu entschlossen, Überschriften für die jeweiligen Seiten zu finden. Wir glauben, dass unvoreingenommene Angehörige zwar vom Flyer an sich profitieren können, jedoch müssen wir sie durch konkrete Überschriften bzw. Fragestellungen dazu motivieren, sich mit den Aussagen der einzelnen Seiten auseinanderzusetzen. Die Überschriften sollen also helfen, in die Thematik einzusteigen, um sie schließlich leichter zu verstehen und besser sowie schneller zu verinnerlichen.[130]

Titelblatt des Flyers

Das Titelblatt dient in erster Linie dazu, Interesse zu wecken, die Thematik unseres Flyers zu konkretisieren und dem Betrachter zu vermitteln, worum es geht, wenn er diesen weiter aufklappt – nämlich den Umgang mit „Anorexia Nervosa", deren Schriftzug gelb hervorsticht.
Dazu haben wir uns eines bekannten Sprichwortes bedient: „Etwas durch die rosarote Brille sehen". Man sieht auf dem Foto durch die besagte rosarote Brille ein Mädchen, welches glücklich und zufrieden aussieht und auf einem weiten Feld steht. In unserem Fall hat die rosarote Brille jedoch einen Riss. Im diesem Bereich der Brille erkennt man, dass ihr Körper dort deutlich dünner ist, als an anderer Stelle.

In diesem Foto steht die rosarote Brille für die Ignoranz der Angehörigen im Falle einer Magersucht, die sich mit dem Thema oft nicht seriös genug auseinandersetzen, und es vielmehr „schön reden". Oftmals sieht man die Magersucht bei anderen erst gar nicht, weil man sie nicht sehen will. Man ist geneigt, eine große, rapide Gewichtsabnahme des Gegenübers zu „übersehen", ohne diese zu hinterfragen. Vielleicht nimmt man diese auch nicht wahr, weil man der betroffenen Person nicht allzu nahe zu steht. Fakt ist – dies haben wir durch unsere Umfrage herausgefunden – dass viele Angehörige nicht handeln und nicht zur Besserung beitragen. Sie sehen oftmals nicht, wie schlecht es Magersüchtigen geht. Und um nun aufzudecken, dass es Magersüchtigen sehr wohl schlecht geht und Bedarf an Unterstützung besteht, fordern wir die Menschen auf zukünftig endlich nicht mehr wegzuschauen.[131]

---

[130] Um den Werdegang jeder Flyerseite genau erkennen zu können, befinden sich im Anhang IV, A3 Vorher-Nachher Bilder.
[131] Siehe Slogan auf der Titelseite S. 47 „Schau' nicht weg!".

Abbildung 14: Titelblatt
Quelle: eigene Darstellung

Der Riss in der Brille trennt die Realität von dem, was man durch die rosarote Brille zu sehen glaubt. Außerdem springt dem Betrachter nun sofort ins Auge, worum es in dem Faltblatt geht. Schwarzweiß ist der Riss der Brille deswegen, weil die Realität so erstens schwarz auf weiß zu erkennen ist und sie zweitens so erschreckend ist, dass wir die Tristesse und Ernsthaftigkeit mit diesem farblichen Mittel noch mehr zur Geltung bringen möchten.

Dass das Mädchen auf einem Feld steht und nicht etwa in einer Gosse, hat ebenfalls eine spezielle Bedeutung. Wir wollen somit darlegen, dass sie sich nach außen hin fröhlich gibt und so tut, als sei sie zufrieden und frei. Oftmals durften wir in unseren Interviews jedoch erfahren, dass sie sich innerlich niemals so fühlte. Wir haben allerdings den „genießenden" Gesichtsausdruck nicht in den Riss mit eingebunden, da wir möchten, dass sich der Angehörige über die ständige Unzufriedenheit der Betroffenen erst beim weiteren durcharbeiten des Flyers bewusst wird, etwa auf der 3. Innenseite, den Anzeichen.

Auf dem Titelblatt wollen wir also erst einmal zeigen, was jeder Außenstehende sehen würde, wenn er die Augen aufmacht: Einen dünnen, kraftlosen Körper, der oberflächlich betrachtet zu einem lachenden, fröhlichen Menschen gehört. Wie es dem Betroffenen geht, kann man zwar erahnen, doch weiß man dies ohne Nachfragen nicht. Wir schaffen also eine Ebene, mit der sich jeder, der mal mit einem Magersüchtigen in Kontakt kam, identifizieren kann.

Der Titel „Ess o Ess!" ist ein von dem internationalen Notrufsignal „SOS" abgeleiteter Slogan, der hier ebenso ein Hilfesignal verkörpert – nämlich das des Angehörigen, der sich meist nicht zu helfen weiß und nur will, dass der Betroffene wieder isst. Dieser Titel hilft dem Betrachter vielleicht sogar noch eher auf die Sprünge, als der Riss in der Brille. Wir verstehen dieses „Ess o Ess!" als erste Reaktion eines Angehörigen, wenn dieser den von Magersucht Betroffenen bittet, wieder zu essen, da er sich dieser Krankheit gegenüber absolut machtlos fühlt. Um aus dieser Position herauszukommen haben wir also bewusst das Motiv der teilweise zerstörten rosaroten Brille gewählt, durch die man bereits einen Teil der Realität sehen kann, denn so wollen wir den Betrachter bzw. den Angehörigen ermutigen, diese mit Hilfe unseres Flyers ganz zu erarbeiten.

Innenseite des Flyers

<u>Was bedeutet Anorexia Nervosa?</u>

Abbildung 15: Was bedeutet Anorexia Nervosa?
Quelle: eigene Darstellung

Auf den ersten beiden Seiten unseres Flyers widmen wir uns der Bedeutung von Magersucht für die Betroffenen, um den Angehörigen einen Einblick in das Innere eines Magersüchtigen zu gewähren. Hiermit möchten wir die Grundlage für das Verständnis der Angehörigen schaffen.

Dazu haben wir uns einer Metapher bedient, die uns im „Vis-à-Vis"-Interview geschildert wurde.[132] Auf der Grafik erkennt man im Zentrum eine Magersüchtige, auf deren Schultern links ein Engel und rechts ein Teufel sitzen. Sie stehen für den Zwiespalt, den ein Magersüchtiger während einer Krankheit empfindet. Zum einen würde er gerne gesund werden und sich trauen, einen Therapieversuch zu starten, zum anderen strebt er aber danach, weiter abzunehmen und somit größere „Erfolge" in seinem Leben zu erzielen.
Die Ziele, die ein Magersüchtiger mit Hungern erreichen will, haben wir in Form von Stichworten auf die Seite des Teufels gestellt. Je mehr man abnimmt, desto „erfolgreicher und schöner" wird man nach Ansicht der Betroffenen. Täglich beschäftigt man sich mit Essen und Kalorien zählen und kann sich durch die Entscheidung nichts zu essen selbst kontrollieren. Man fühlt sich also glücklich.
Ob diese Ansicht des „Teufels", der die Magersucht sozusagen antreibt und für deren Entwicklung verantwortlich ist, der Wahrheit entspricht, stellen wir in Frage.
Auf der anderen Seite kommen auch während der Krankheit hin und wieder Zweifel auf. Der Engel versucht diese dem Betroffenen deutlich zu machen, jedoch werden sie oftmals sehr gut verdrängt. Dieser Teil der Psyche denkt also an körperliche bzw. gesundheitliche Folgen, die durch die Magersucht entstehen. Der psychische Teil isoliert sich und signalisiert, dass man Hilfe braucht und Hunger hat.
Da jedoch die „Teufel-Seite" fast immer die Oberhand gewinnt, haben wir bestimmte Mittel eingesetzt, um diesen Sachverhalt klar herauszustellen. Die Wörter auf der rechten Seite sind größer, deutlicher und in Großbuchstaben geschrieben. Außerdem befindet sich dort eine größere Zahl an Worten bzw. „Vorteilen", die für den Magersüchtigen relevant sind.
Die Wörter auf der linken Seite sind im Gegensatz dazu transparenter, in Kleinbuchstaben geschrieben und mit einem Fragezeichen versehen. Dies zeigt die Unsicherheit des „Engels" bzw. der Psyche und ihre Schwäche sich gegen den Teufel durchzusetzen, um der magersüchtigen Person effektiv mitzuteilen, dass sie sich in großer Gefahr befindet.

Um dennoch zu suggerieren, dass die teuflische Seite nicht die wünschenswerte Seite ist, haben wir bestimmte Hintergrundfarben eingesetzt um den Konflikt zwischen Heilung und Krankheit klar voneinander abzugrenzen.
Grün steht unter anderem für die Hoffnung.[133] Obwohl sich der Engel während einer Magersucht nur selten durchsetzen kann, steht dieser aber für die Seite der

---

[132] Der genaue Hintergrund dieser Metapher ist auf Seite 45 nachzulesen.
[133] Vgl. Thissen, 136.

Gesundheit und der Hoffnung. Wenn man die Magersucht überwunden hat, wozu Hoffnung besteht, auch wenn sie unterdrückt wird, kann man wieder erlernen, sich seinem Körper auf eine andere Weise zuzuwenden und muss nicht mehr nur über Essen und Gewicht nachdenken. Ebenso kann man einen Ausgleich zwischen Ernährung und restlichem Leben schaffen, was in der Krankheit fast nicht mehr möglich ist, da sich alles nur um die Magersucht dreht.

Die Seite der Krankheit, wo sich der Teufel befindet, hat die Hintergrundfarbe Violett. Diese Farbe bedeutet unter anderem Unnatürlichkeit, Künstlichkeit, Unsicherheit, Untreue, oder Zweideutigkeit.[134] Außerdem steht sie in der Kirche für die Buß– und Fastenzeit, während dieser die Pfarrer violette Stolas tragen. Wir wollen damit sagen, dass Violett im Zusammenhang mit Magersucht suggeriert, dass man sich selbst untreu ist, sich auf unnatürliche Art und Weise wahrnimmt, da man immer weiter abnehmen möchte und zwischen „schön werden wollen" und dem Tod schwankt.

---

[134] Vgl. dazu und im Folgenden Farbe.com (2009).

Anzeichen

Die dritte Innenseite gibt allgemeine Hinweise darauf, woran man einen Magersüchtigen erkennen kann.

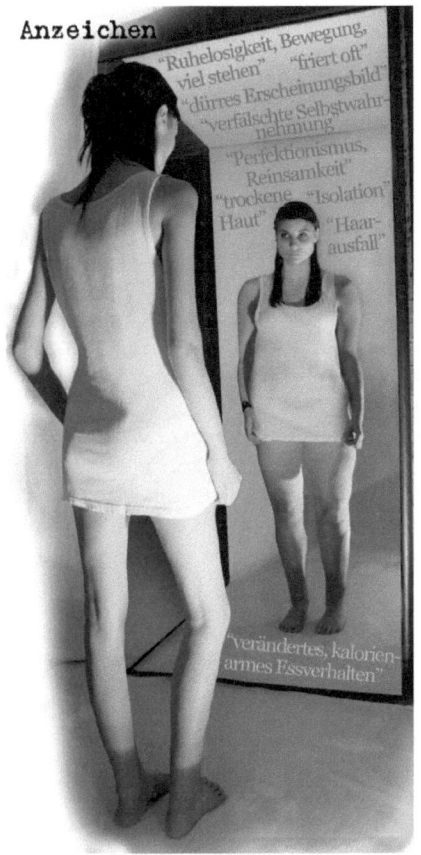

Abbildung 16: Anzeichen
Quelle: Eigene Darstellung

Man sieht auf diesem Foto ein magersüchtiges Mädchen, welches sich im Spiegel betrachtet. Ihr Spiegelbild gibt aber nicht das reale Bild ihres Körpers wider, sondern ihre verfälschte Körperwahrnehmung. Sie sieht sich also viel dicker, als sie eigentlich ist. Das Mädchen an sich ist hier die Rückenfigur. Das heißt, dass ihr tatsächliches Erscheinungsbild die dem Betrachter den Rücken zuwendende Person darstellt. Hier geht es darum, das schlechte Verhältnis und die mangelnde Selbstwahrnehmung eines Magersüchtigen im Bezug auf seinen eigenen Körper darzustellen. Dies ist der erste Hinweis auf eine Magersucht.

Beobachtet man also eine Person, die große Probleme mit ihrer Figur äußert, obwohl sie bereits sehr schlank ist, sollte man sich Gedanken machen, ob diese Sorgen einen weitergehenden Hintergrund haben.

Weitere Erkennungsmerkmale haben wir in Form von Zitaten in das Spiegelbild eingefügt. Da aber nicht alle Merkmale auf jeden zutreffen, haben wir uns für die Form der Zitate entschieden, die dafür stehen, wie es im Einzelfall sein könnte, oder wie es nach unseren gemachten Erfahrungen oft gewesen ist.

Die Farbe der Schrift haben wir ähnlich der Hintergrundfarbe des Teufels auf der ersten inneren Doppelseite gefärbt, um so noch einmal einen Zusammenhang mit der Krankheit & der vom „inneren Teufel" angetriebenen Seite herzustellen. Auch, dass die lila Farbe des links angrenzenden Bildes in dieses Bild übergeht, soll den Zusammenhang noch einmal betonen.

Was kann ich tun?

Die vierte Innenseite zeigt Möglichkeiten, wie man einem Betroffenen helfen kann. Der Leser kann hier in Erfahrung bringen, welche Verhaltensweisen wünschenswert sind und welche besser vermieden werden sollten. Den Informationsgehalt haben wir „aus Erster Hand", denn wir konnten viele Anregungen in unseren Interviews erfahren.

Abbildung 17: Was kann ich tun?
Quelle: Eigene Darstellung

Auf der Abbildung 17 sieht man, wie ein Mädchen das andere umarmt und ihm Rückhalt gibt. Am unteren Bildrand liegt die rosarote Brille, deren Bedeutung genauer in „5.3.1 – Titelblatt" erklärt ist. Die Brille steht hier im engen Zusammenhang mit dem Titelblatt und wurde absichtlich noch einmal aufgegriffen. Ihre Position – abgeworfen und auf dem Boden bzw. im Dreck liegend – zeigt die Erkenntnis, die man im Verlauf des Flyers hoffentlich erlangen konnte: Die Brille der Verdrängung und Ignoranz muss abgesetzt werden, um sich mit der puren Realität beschäftigen zu können.

Der anfänglichen Aufforderung „schau nicht weg!" auf dem Titelblatt kann der Betrachter nun gerecht werden, da er die rosarote Brille abgelegt und verinnerlicht hat, dass man besser zweimal mehr als einmal mal zu wenig hilft. Dieses Verhalten nimmt man hoffentlich bevor der Betroffene plötzlich an seiner Krankheit stirbt an, sodass man sich als Angehöriger im Todesfalle keine Vorwürfe machen muss, nichts unternommen zu haben.

Der Schriftzug „Lieber 2x mehr als 1x zu wenig", den wir für diese Seite gewählt haben, ist ein Zitat aus einem unserer Interviews. Wir fanden dieses sehr passend und verstehen es als Anregung eines Betroffenen. Es motiviert den Angehörigen zusätzlich über sein Handeln nachzudenken. Rosa haben wir den Schriftzug deswegen gefärbt, da er sich so sehr gut aus dem Gesamtbild abhebt. Weil er über der weggeworfenen rosa Brille schwebt und somit übergeordnet ist, kann man außerdem sagen, dass „Hilfe" nun der Ignoranz überlegen ist und das Fehlverhalten einen geringeren Stellenwert im Leben des Angehörigen annimmt. Wir möchten damit suggerieren, dass die Realität zwar hart ist, aber man sie dennoch der Erträglichkeit halber nicht mit einer rosaroten Brille wahrnehmen sollte. Die Realität kann jedoch angenehmer werden, wenn man schließlich Hilfe leistet.

Um sich schließlich ohne Brille nicht allzu unsicher zu fühlen, haben wir kurze Anweisungen angebracht, die aufzeigen, welche Art der Handlung wünschenswert ist. Wie letztlich damit umgegangen wird, steht jedem Angehörigen frei. Diese Worte haben wir in einen Baum „gehangen". Der Baum steht nämlich für die Beständigkeit und eine lange Lebenszeit. [135] Seine Wurzeln sind tief mit dem Boden verankert und dies impliziert eine Standhaftigkeit, welche auch für eine Beziehung gelten sollte, die von der Magersucht herausgefordert wird. So ist es wichtig, die Krankheit ernst zu nehmen und sich für den Betroffenen zu interessieren, um ihm eine lange Lebenszeit zu ermöglichen. Wichtige Dinge wie „Hilfe anbieten" oder „nicht aufzugeben" sind zwar eigentlich selbstverständlich, doch oft verlieren die Angehörigen aus Angst vor der Krankheit den Sinn dafür. Magersüchtige lassen sich oftmals nicht freiwillig helfen, doch trotzdem darf man sie nicht aufgeben. Auch sollte man sie zu nichts zwingen, oder gar versuchen, sie mit Schuldzuweisungen zu bekehren, denn es ist eine sehr ernstzunehmende psychische Krankheit, bei der es, wie viele Betroffene vielleicht glauben mögen, nicht das Hauptziel ist, sein Umfeld zu kränken.

Im Gegensatz zu den Hilfestellungen haben wir auch Dinge aufgeschrieben, die man falsch machen kann und häufig falsch gemacht werden. Diese stehen in der rosaroten Brille, die auf dem Boden liegt und durch die man vorher geschaut hat. Das Verhalten muss also abgeworfen werden. Man sollte die Krankheit demzufolge auf keinen Fall ignorieren, die Betroffenen verspotten oder sich aus Angst vor ihrer Reaktion abwenden.

---

[135] Vgl. Jacob (2009).

Schwerwiegende Folgen / Risiken

Auf dieser Seite beschreiben wir die seelischen und körperlichen Folgen, die die Magersucht mit sich bringen kann.

Da wir den Teufel als Sinnbild oder Antrieb der Magersucht ansehen, haben wir

sein Outfit dazu verwendet, um spezielle gesundheitliche Folgen darzustellen. Alle Folgen sind Teil der Magersucht und somit auch Teil des Outfits des Teufels. Die Folgen an sich haben wir in Form von Preisschildern an die einzelnen Kleidungsstücke geheftet. Somit kann der der Betrachter die Folgen mit dem hohen Preis, den man zahlen muss, wenn man nicht so bald wie möglich Hilfe bekommt, assoziieren.

Im Hintergrund sticht dem Betrachter Feuer ins Auge. Dieses haben wir gewählt, um zu zeigen, dass man „in Teufels Küche" kommt, falls man einfach nur tatenlos zusieht. Außerdem zeigen wir so, dass Magersucht immer ein Spiel mit dem Feuer ist, in dem es um Leben und Tod geht.

Abbildung 18: Folgen
Quelle: Eigene Darstellung

Die Seite hat eine spezielle Funktion in der „Wickelfalz-Technik". Klappt man den Flyer so weit auf, dass die erste innere Doppelseite zu sehen ist, sieht man rechts die „Folgen"-Seite, die sich nun auf die Magersucht bzw. die Teufel-Seite bezieht. Die geschwungene Klammer grenzt beim Aufklappen an die „Teufel-Seite" an, sodass feststellbar ist, dass die Folgen durch die Magersucht bedingt werden. Somit wird dem Betrachter schon vor dem Aufklappen die Gefahr der Magersucht vermittelt. Betrachtet man die gesamte Außenseite, sieht man, was als Folge eintritt, falls man nicht hilft, nämlich der Tod, welcher durch das Kreuz symbolisiert wird.

Wo findet man professionelle Hilfe?

Abbildung 19: professionelle Hilfe
Quelle: Eigene Darstellung

Abbildung 19 hat im Zuge der „Wickelfalz"-Technik, die wir bei unserem Flyer anwenden, zwei besondere Bedeutungen:

Auf den ersten Blick – während man den Flyer aufklappt – sieht man „im Vorbeiblättern" auf der zweiten äußeren Seite ein Kreuz. Dieses liegt auf der bereits beschriebenen „teuflischen" Seite der Magersucht im Inneren des Flyers.

Somit bringt der Betrachter das Kreuz, welches als Symbol für den Tod steht mit der Seite des Teufels in Zusammenhang, da man diese unmittelbar nacheinander zu sehen bekommt.

Es dient zur Vorwarnung – man bekommt einen ersten Eindruck, was mit der Seite des Teufels gemeint sein könnte, bzw. wohin die Magersucht, die beim weiteren Aufklappen dann beschrieben wird, führen kann.

Klappt man den Flyer nun eine Seite weiter auf, um die Doppelseite genauer zu betrachten, erkennt man auf der ersten Außenseite, die nun über der dritten Innenseite liegt, die Folgen, die die Magersucht, mit sich bringen kann. Da das Kreuz unmittelbar neben den Folgen zu sehen ist, wird deutlich, dass der Tod ein zentrales Thema der Magersucht und ihre schlimmste Folge ist. Zum anderen kann man erkennen, dass das Kreuz an der unteren Ecke „abbröckelt" bzw. sich auflöst. Im Kreuz selbst stehen Adressen, Internetlinks und Telefonnummern, auf die man im Bedarfsfalle zurückgreifen kann. Diese sind senkrecht angeordnet und man liest in die Richtung des abbröckelnden Teils. Das Kreuz, symbolisch der Tod, löst sich also am unteren Ende auf, weil die Gefahr für einen Betroffenen, aufgrund von Magersucht sterben zu müssen, mit zunehmender Hilfe und steigendem Bewusstsein durch die Angehörigen abnimmt.

Wir hoffen also, dass der Betrachter, wenn er sich die gesamte Innenseite des Flyers zu Gemüte geführt hat und sich über die gravierenden Folgen bewusst geworden ist, verinnerlicht hat, dass Hilfe, wie Beistand, Gespräche und Rückhalt wichtig ist, aber man auch professionelle Hilfe braucht. Um sich diesbezüglich weiter zu informieren und dem anfänglichen Hilferuf schließlich entgegenzuwirken, haben wir eine kleine Sammlung an Informationsstellen zusammengestellt, die man ggf. kontaktieren kann, um sich mit Thematiken wie einem Klinikaufenthalt oder anderen zur Heilung beitragenden Maßnahmen auseinanderzusetzen.

Freie Seite

Die dritte Seite auf der Außenseite des Flyers haben wir bewusst frei gelassen. Dort werden wir unter anderem unser Copyright setzen. Der Freiraum dient vor allem Institutionen, wie zum Beispiel unserer Schule, der wir unseren Flyer zur Verfügung stellen möchten, um eigene Telefonnummern von Sozialarbeitern oder anderen Zuständigen aufdrucken zu können, oder spezielle Adressen und Termine aufzudrucken. Somit möchten wir erreichen, dass unser Flyer vielfältig und in vielen Regionen genutzt und an die lokalen Bedingungen angepasst werden kann.

5.3 Herausforderungen und Erfahrungen durch die visuelle Arbeit

Der Erfahrungswert, was die Gestaltung, die Bearbeitung und die Umsetzung unserer Ideen sowohl als Fotografin als auch als Model angeht, war sehr hoch, da wir des Öfteren an unsere Grenzen gerieten, wo es uns aber meistens gelungen ist, sie zu überwinden und somit neu zu definieren.

Besondere Schwierigkeiten ergaben sich bei der Effektivität unseres Amateurstudios. [136] Vor allem die Beleuchtung, die zu einem Großteil aus Baustrahlern und Schreibtischlampen bestand, lies viele Fotos zunächst sehr gelblich aussehen und es war zudem kompliziert, das Motiv – meistens Lena – richtig auszuleuchten, sodass keine unschönen Schatten entstanden. Den Gelbstich konnten wir mit einem Bearbeitungsprogramm retuschieren. Zudem war es eine besondere Schwierigkeit, Lenas Gesicht und Körper, um die gewünschten Effekte erreichen zu können, mittels der Bildbearbeitung dünner oder dicker werden zu lassen.

Durch die Praktika meiner Partnerin bei diversen Fotografen, konnte sie schon in der Planung bestimmte Probleme, wie z.B. die Ausleuchtung des Motivs oder die Problematik des Hintergrundes beachten, sodass wir alles in allem ziemlich reibungslos fotografieren konnten.

Da wir keine Studioleinwände besitzen, mussten zur Neutralisierung des Hintergrunds weiße Bettlaken herhalten. Diese waren auf vielen Fotos dann jedoch zerknittert oder schattig, sodass wir dort mit dem Programm Adobe Photoshop CS2 „bügeln" und „waschen" mussten.

Ebenso schwer war es, die von den Betroffenen erfassten Aussagen in verständliche Bilder umzuwandeln, jedoch konnten wir uns nach längeren Debatten und vielen Versionen auf ein Endergebnis festlegen. Was die Bearbeitung angeht, hatte eine von uns bereits viele Erfahrungen, jedoch bereitete ihr die Bearbeitung der „rosaroten Brille" besonderen Arbeitsaufwand, denn diese war zunächst schwarz und konnte erst mühevoll zu einem Farbwechsel „überredet" werdet.

Uns bereitete es große Freude, die richtigen Orte für unsere Fotos zu finden und unsere Ideen bis ins kleinste Detail in die Tat umzusetzen. Dass wir einige Male auch spontane Ideen hatten, die uns zu unserem Endergebnis führten, hat uns sehr überrascht und beeindruckt. Am erfreulichsten ist es für uns, dass wir die anfänglichen, noch utopisch scheinenden Planungen tatsächlich zu unserer Zufriedenheit umsetzen konnten.[137]

Vor allem während wir die Fotos zusammen aufnahmen, kamen uns die Erfahrungen, die wir in der fächerübergreifenden Projektwoche am Ende der Jahrgangsstufe 11 in der Arbeitsgruppe zur „Werbung auf dem Maifeld" sammeln konnten zugute. Wir wussten, wie der andere auf seinem „Posten" als Fotograf

---

[136] Impressionen unseres "Home-Studios" und weiterer Arbeit hinter den Kulissen ist im Anhang IV, A2 einzusehen.
[137] Wie das rohe Fotomaterial aussieht, aus dem schließlich unser Endprodukt entstanden ist, ist in Anhang IV, A3 vorzufinden.

bzw. Modell ist und konnten uns dieses Mal dadurch noch besser ergänzen, weil wir ein so komplexes, interessantes und facettenreiches Thema als Basis hatten, mit dem wir uns beide gut identifizieren konnten.

Alles in allem blicken wir auf eine interessante Zeit zurück, die sich für uns trotz sehr hohem Arbeitsaufwand und teilweise nervenaufreibenden Kleinigkeiten sehr gelohnt hat und viel Spaß bereitete.

6   Kritische Auseinandersetzung mit unseren erarbeiteten Ergebnissen und Zukunftsperspektiven

Unsere zu Beginn aufgestellte These eines allgemeinen Aufklärungsbedarfes zu der Essstörung Anorexia Nervosa konnten wir mittels einer selbstständig durchgeführten Erhebung in Koblenz bestätigen. Weiterhin wurden unsere Annahmen bekräftigt, dass sich viele Menschen nicht über das Ausmaß dieser Krankheit bewusst sind und eine überwiegende Hilflosigkeit seitens der Angehörigen besteht.

Anhand unserer Interviews mit Magersüchtigen ermittelten wir viele „Do's and Don't's" im Bezug auf eine positive Auseinandersetzung mit Erkrankten und deren Definition der Anorexia Nervosa. Diese Aussagen setzten wir nach mehreren Fotoserien mit anschließender grafischer Bearbeitung visuell um.

Während unserer Arbeit gerieten wir des Öfteren an unsere Grenzen. Daran konnten wir zum einen wachsen, auf der anderen Seite bereitete uns dies aber auch große Probleme und kostete uns oftmals sehr viel Überwindung, nicht aufzugeben.

So fiel es uns während der Durchführung unserer Umfrage aufgrund der vielen Absagen zunehmend schwer, weiterhin auf die Menschen zuzugehen und ihre Aufmerksamkeit für unsere seriöse Umfrage zu gewinnen. Zudem bereitete es uns teilweise auch Schwierigkeiten sachlich zu bleiben, wenn wir hörten, wie manche Passanten über diese Krankheit sprachen.

Außerdem war es eine große Herausforderung für uns, Magersüchtige auf ihre Krankheit anzusprechen und um ein Interview zu bitten. Während der Gespräche selbst mussten wir uns überwinden die teils persönlichen Fragen zu stellen, jedoch war es bemerkenswert mit welcher Offenheit alle Betroffenen über ihre Krankheit sprachen. Unsere Angst vor der Reaktion der Magersüchtigen war also umsonst, da sie angeregt von unserer Idee schienen und selbst zum Helfen beitragen wollten. Des Weiteren brachten sie uns ein für uns vorher nicht erwartetes Vertrauen entgegen.

Aufgrund unserer einfachen, leider nicht allzu professionellen Ausstattung erforderte es einen enormen Aufwand und sehr viel Geduld, unsere Ideen in dem

Flyer vorstellungsgemäß umzusetzen. Die visuelle Umsetzung unseres Flyers ist nach unserem Erachten trotz der unzureichenden Ausstattung gut gelungen, sodass wir mit unseren Ergebnissen sehr zufrieden sind. Ganz nach dem Motto „Not macht erfinderisch", waren wir selbst davon überrascht, wie wir es schafften, unsere Arbeit zu verwirklichen und letztendlich solch ein Resultat in den Händen halten zu können, an das wir vor geraumer Zeit nicht zu glauben wagten. Auch im Hinblick auf den massiven Zeitdruck in der 13. Jahrgangsstufe sind wir stolz, dies auf die Beine gestellt zu haben. Unsere Arbeit hat sich für uns sehr gelohnt, zudem erhielten wir auch bereits einige positive Kritik von Magersüchtigen selbst.

Ein weiterer, sicherlich interessanter Punkt wäre gewesen, über unsere Arbeit hinaus auch mit einem Psychologen zu sprechen, um die Seite eines behandelnden Arztes zu beleuchten und so eventuelle unterschiedliche Sichtweisen gegenüber der Ansicht eines Magersüchtigen herauszustellen. Dies war in unserer Arbeit aufgrund des vorgegebenen zeitlichen Rahmens nicht möglich, ohne diesen damit zu sprengen, da die Hilfemöglichkeiten der Angehörigen im Vordergrund unserer Arbeit standen.

Um die Wirkung unseres Flyers noch besser auf die Angehörigen anpassen zu können, hätten wir uns auch noch mit diesen beschäftigen können. Wir hätten ihre Probleme über die Umfrage hinaus analysieren können, um so in den Flyer sowohl die Eindrücke und Gefühle der Betroffenen, als auch die Bedürfnisse der Angehörigen einfließen lassen zu können. Auch dies hätte unseren Rahmen ebenfalls gesprengt.

Im Nachhinein können wir sagen, dass es sich definitiv gelohnt hätte, unsere Ausstattung zu verbessern, ggf. sogar ein Fotostudio zu mieten. Somit hätten wir uns viel Retuschier-Arbeit am Flyer ersparen können und unsere Ergebnisse wären noch deutlicher und professioneller geworden.
Hinzu kamen viele PC-Abstürze, da wir mit dem sehr aufwendigen Programm Adobe Photoshop CS2 arbeiteten, welches viel Speicherplatz in Anspruch nimmt. Wir kauften schließlich zusätzlichen Arbeitsspeicher, um minutenlange Ladezeiten zu verkürzen und so die Arbeit schneller beenden zu können, welches sich schließlich gelohnt hat.

Nach Abschluss unserer Zusammenarbeit möchten wir den Flyer unserer Schule zur Verfügung stellen und hoffen, dass er eine Anregung zur Hilfe darstellt. Er soll verhindern, dass trotz wachsender Magersuchtszahlen, weiterhin immerzu weggeschaut wird. Nun sind weitere Mittel an unserer Schule zur Aufklärung vorhanden und wir hoffen, dass unsere Schule unseren Flyer dafür z.B. im Biolologie-Unterricht einsetzen wird. Weiterhin möchten wir ihn interessierten Institutionen zur Verfügung stellen.

Wir möchten unsere Arbeit auch persönlich fortführen und im eigenen Alltag Menschen auf die Folgen der Krankheit aufmerksam machen, sowie zur aktiven Hilfestellung anregen. Unsere Absicht aufzuklären, ist keinesfalls mit der Abgabe dieser Arbeit beendet.

Wir erhielten bei unserer Arbeit zunehmend einen anderen Blickwinkel für persönliche Zweifel am eigenen Körper und lernten, dass es wichtigere Dinge gibt, als nur auf das eigene Erscheinungsbild zu achten, sowie dass wir unsere Ziele im Leben stets vor Augen halten müssen. Es gibt bessere, alternative Wege, als sich aus Hoffnungslosigkeit und der Suche nach Halt und Kontrolle in eine schwerwiegende Essstörung, wie die Magersucht, mit solchen körperlichen und psychischen Folgen zu flüchten.

Inzwischen sehen wir die Krankheit Anorexia Nervosa mit völlig anderen Augen. Wir erlangten tiefe Einblicke in ihr Facettenreichtum, welches uns vorher in diesem Maße nicht so bewusst war. Durch unsere Besondere Lernleistung nehmen wir zukünftig die Probleme einer Essstörung noch viel ernster, da wir nun über die tödlichen körperlichen und sehr stark belastenden seelischen Folgen aufgeklärt sind. Wir wissen nun, wie wir an das Thema heranzutreten haben und Magersüchtigen eine Stütze und Hilfe sein können.

Alles in allem bleibt festzuhalten, dass sich unser Zeitaufwand, die vielen Emotionsausbrüche, das Überwinden von Verzweiflung, Hoffnungslosigkeit sowie des teilweise nervenaufreibenden Bearbeitens unserer Fotos und anderer Tücken, die sich hin und wieder in unsere Arbeit schlichen, im Hinblick auf das vorliegende Resultat gelohnt haben. Wir sind sehr zufrieden und stolz auf unser Ergebnis.

Sofern nicht anders angegeben sind die im Anhang gesammelten Materialien eigene Darstellungen / Aufnahmen und bedürfen keiner Quellennachweise.

ANHANG I

Was ist Anorexia Nervosa?

A1: Body Mass Index (BMI) Tabelle – Männer

Body Mass Index (BMI) Tabelle - Männer					
Alter	untergewichtig	Normal-gewicht	etwas übergewichtig	übergewichtig	erhebliches Übergewicht
18-24	< 20	20-25	25-30	30-40	> 40
25-34	< 21	21-26	26-31	31-41	> 41
35-44	< 22	22-27	27-32	32-42	> 42
45-54	< 23	23-28	28-33	33-43	> 43
55-64	< 24	24-29	29-34	34-44	> 44
65+	< 25	25-30	30-35	35-45	> 45

Quelle: Eigene Darstellung, in Anlehnung an Nischik, S. (2009): http://www.bmi-rechner24.de/bmi_tabelle_body_mass_index_70.html (21.09.2009).

ANHANG II

Umfrage zur Ermittlung des Aufklärungsstands der Betroffenen

A1: PRETEST

1) Gab es jemand in ihrem Bekanntenkreis, der an einer Magersucht leidet/litt?

JA	NEIN*

* Wüssten Sie, wie Sie sich verhalten müssten, wenn Sie auf einen Magersüchtigen treffen?

ja	Nein	weiß ich nicht

*Bemerkung:*_____

2) Alter

0-12	13-18	19-24	25-30

*Bemerkung:*_____

3) Geschlecht

weiblich	männlich

*Bemerkung:*_____

4) Welche Rolle haben Sie eingenommen?

Freund	Familie	Beruf/Schule	Bekannter	Außenstehender

*Bemerkung:*_____

5) Wie aktiv haben Sie geholfen?

sehr stark	stark	etwas	weniger	garnicht

*Bemerkung:*_____

6) Wussten Sie, wie Sie sich verhalten sollten?

sehr sicher	etwas unsicher	sehr unsicher

*Bemerkung:*_____

7) Hat der Betroffene Ihre Hilfe angenommen?

ja	ein wenig	nicht darauf eingegangen

*Bemerkung:*_____

8) Mittel zur Hilfe

Therapie Klinik	Ambulante Therapie	Gespräche/aktives Auseinandersetzen	Keine Mittel, andere halfen	Person hat Essstörung noch immer

*Bemerkung:*_____

9) Soziale Verhältnisse des Betroffenen

geordnet	ungeordnet	weiß ich nicht

*Bemerkung:*_____

10) Hat sich das Verhältnis zum Betroffenen geändert?

ja, zum positiven	ja, zum negativen	nein

*Bemerkung:*_____

11) Denken Sie, Sie haben einer essgestörten Person je helfen können?

JA	NEIN

*Bemerkung:*_____

A2: Umfrage

1) Gab es jemand in ihrem Bekanntenkreis, der an einer Magersucht leidet/litt?

JA	NEIN*

* Wüssten Sie, wie Sie sich verhalten müssten, wenn Sie auf einen Magersüchtigen treffen?

ja	nein

2) Welche Rolle haben Sie eingenommen? (unwichtig bzgl. Fragestellung)

Freund	Familie	Beruf/Schule	Bekannter

3) Ich habe dem Magersüchtigen ... geholfen.

sehr stark	stark	etwas	weniger	garnicht

4) Ich wusste wie ich mich verhalten sollte.

ja, sehr sicher	etwas unsicher	nein, sehr unsicher

5) Der Betroffene hat Ihre Hilfe angenommen.

ja	ein wenig	nein, nicht darauf eingegangen	keine Hilfe angeboten

6) **Ihr angebotenes und angenommenes Mittel zur Hilfe war ... (nicht auswertbar)**

Therapie Klinik	Ambulante Therapie	Gespräche/aktives Auseinandersetzen	Hilfe nicht angenommen	Keine Mittel, andere halfen

7) **Die sozialen Verhältnisse des Betroffenen waren ...**

geordnet	ungeordnet	weiß ich nicht

8) **Hat sich das Verhältnis zum Betroffenen geändert?**

ja, zum positiven	ja, zum negativen	nein

9) **Denken Sie, Sie haben einer essgestörten Person je ansatzweise helfen können?**

ja	Nein*

* Gründe:

keine Ahnung wie	Bindung nicht eng genug	kein Interesse

10) **Alter**

0-12	13-18	19-24	25-30	>30

11) **Geschlecht**

weiblich	männlich

12) Geschlecht

weiblich	männlich

13) Schüler sollten über ihre Hilfsmöglichkeiten gegenüber essgestörten Personen besser aufgeklärt werden.

ja	nein

Bemerkungen:

A3: Ausgefüllter Fragebogen

1) Gab es jemand in ihrem Bekanntenkreis, der an einer Magersucht leidet/litt?

JA	NEIN*
I	

* Wüssten Sie, wie Sie sich verhalten müssten, wenn Sie auf einen Magersüchtigen treffen?

ja	nein

2) Welche Rolle haben Sie eingenommen? (unwichtig bzgl. Fragestellung)

Freund	Familie	Beruf/Schule	Bekannter
I			

3) Ich habe dem Magersüchtigen ... geholfen.

sehr stark	stark	etwas	weniger	garnicht
			I	

4) Ich wusste wie ich mich verhalten sollte.

ja, sehr sicher	etwas unsicher	nein, sehr unsicher
		I

5) Der Betroffene hat Ihre Hilfe angenommen.

ja	ein wenig	nein, nicht darauf eingegangen	keine Hilfe angeboten
		I	

6) Ihr angebotenes und angenommenes Mittel zur Hilfe war ...

Therapie Klinik	Ambulante Therapie	Gespräche/aktives Auseinandersetzen	Hilfe nicht angenommen	Keine Mittel, andere halfen
			I	

7) Die sozialen Verhältnisse des Betroffenen waren ...

geordnet	ungeordnet	weiß ich nicht
I		

8) Hat sich das Verhältnis zum Betroffenen geändert?

ja, zum positiven	ja, zum negativen	nein
	I	

9) Denken Sie, Sie haben einer essgestörten Person je ansatzweise helfen können?

ja	Nein*
	I

* weil:

keine Ahnung wie	Bindung nicht eng genug	kein Interesse
I		

10) Alter

0-12	13-18	19-24	25-30	>30
	I			

11) Geschlecht

weiblich	männlich
I	

12) Schüler sollten über ihre Hilfsmöglichkeiten gegenüber essgestörten Personen
besser aufgeklärt werden.

ja	nein

A4: Umfrageauswertung

134 Befragte

1) Gibt es jemanden in ihrem Bekanntenkreis, der an einer Magersucht leidet/litt?

JA	NEIN*
38 (= im weiteren Verlauf die neuen 100%)	96
28,36%	71,64%

* Wissen Sie, wie Sie sich verhalten müssten, falls Sie auf einen Magersüchtigen treffen?

ja	nein
22	74
22,92%	77,08%

2) Welche Rolle haben Sie eingenommen?

Freund	Familie	Beruf/Schule	Bekannter
13	0	14	11
34,21%	0%	36,84%	28,95%

3) Wie aktiv haben Sie geholfen?

sehr stark	stark	etwas	weniger	garnicht
2	4	5	5	22
5,26%	10,53%	13,16%	13,16%	57,89%

4) Wussten Sie, wie Sie sich verhalten sollten, um einem Magersüchtigen zu helfen?

sicher	unsicher
6	16
15,79%	84,21%

5) Hat der Betroffene Ihre Hilfe angenommen?

ja	ein wenig	nicht darauf eingegangen	keine Hilfe angeboten
5	5	10	18
13,16%	13,16%	26,32%	47,37%

6) Ihr angebotenes und angenommenes Mittel zur Hilfe

Therapie Klinik	Ambulante Therapie	Gespräche/aktives Auseinandersetzen	Hilfe nicht angenommen	Keine Mittel, andere halfen
14	3	4	3	14
36,84%	7,89%	10,53%	7,89%	36,84%

7) Wie waren die sozialen Verhältnisse des Betroffenen?

geordnet	ungeordnet	weiß ich nicht
18	16	4
47,37%	42,11%	10,53%

8) Das Verhältnis zum Betroffenen hat sich geändert.

ja, zum positiven	ja, zum negativen	nein
7	6	25
18,42%	15,79%	65,79%

9) Denken Sie, Sie haben einer essgestörten Person je ansatzweise helfen können?

ja	Nein*
7	31
18,42%	81,58%

* Gründe:

keine Ahnung wie	Bindung nicht eng genug	kein Interesse
22	6	5
70,97%	19,35%	16,13%
(+ 73% Bindung nicht eng genug)		

10) Alter

0-12	13-18	19-24	25-30	>30
4	90	26	9	5
2,99%	67,16%	19,4%	6,72%	3,73%

11) Geschlecht

weiblich	männlich
107	27
79,85%	20,15%

12) Schüler sollten über ihre Hilfsmöglichkeiten gegenüber essgestörten Personen besser aufgeklärt werden.

ja	nein

Bemerkungen:

- „Die machen das, um cool zu sein!"
- „seitdem haben wir nichts mehr miteinander zu tun."
- „Ich habe noch nie etwas über dieses Thema gehört!"
- „Victoria Beckham macht es doch zu einer Modeerscheinung! Ich kann mir nicht vorstellen, dass die Krankheit so schlimm ist, sonst würden die Medien die Zuschauer doch aufklären!"

A5: Umfrage – Statistiken

Um das Ergebnis unserer Umfrage besser nachvollziehen zu können, haben wir hier die wichtigsten Antworten und deren prozentuellen Anteile in Form von Kreisdiagrammen abgebildet.

3. Wie aktiv haben Sie geholfen?

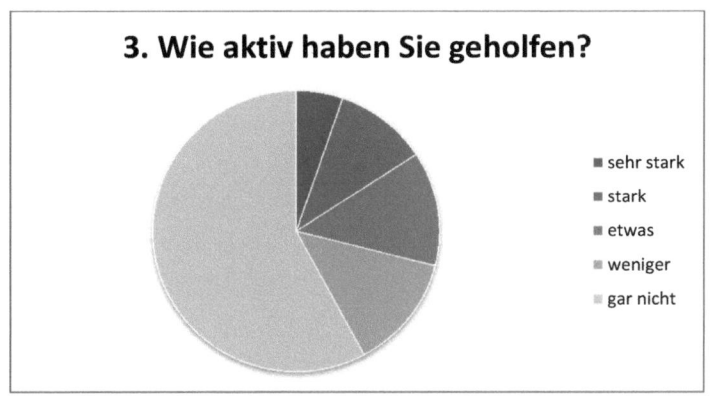

- sehr stark
- stark
- etwas
- weniger
- gar nicht

4. Wussten Sie, wie Sie sich verhalten sollten, um einem Magersüchtigen zu helfen?

- sicher
- unsicher

9. Denken Sie, Sie haben einer essgestörten Person je ansatzweise helfen können?

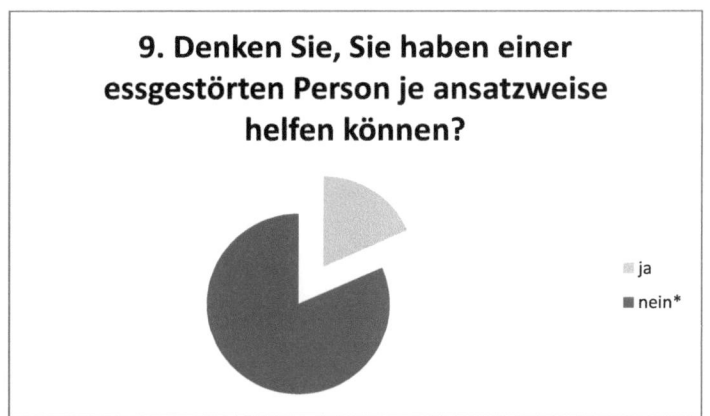

- ja
- nein*

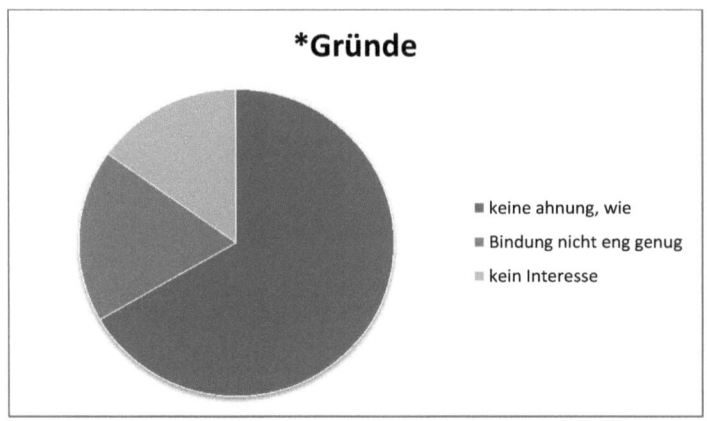

*Gründe

- keine ahnung, wie
- Bindung nicht eng genug
- kein Interesse

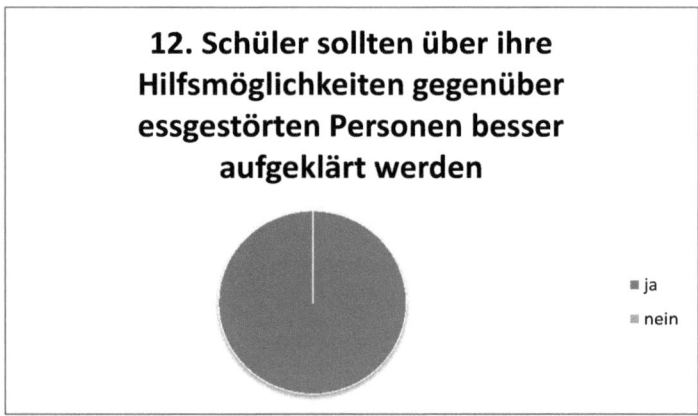

12. Schüler sollten über ihre Hilfsmöglichkeiten gegenüber essgestörten Personen besser aufgeklärt werden

- ja
- nein

ANHANG III

Interviews zur Ermittlung der Sichtweise der Betroffenen im Bezug auf ihre Hilfe

A1: Telefonat

Die Zweite Methode, die wir uns überlegten war das Interview per Telefon. Etwa zwei Stunden und 45 Minuten telefonierten wir mit der betroffenen Person. Sie ist ein Mädchen in unserem Alter, geht in die 13. Stufe und sagt von sich selbst, dass sie magersüchtig ist. Sie weiß es also, jedoch kann sie nicht damit umgehen. Sie erzählt uns zu Beginn, dass sie sich immer mehr isoliert und dass sie in den Sommerferien nur vier Mal das Haus verlassen habe.

Ihre Vorgeschichte ist geprägt von Hänseleien, einem kurzen Besuch in einer Kinder- und Jugendpsychiatrie, als sie bereits sehr viel abgenommen hatte und enormer Alkoholmissbrauch. Nach ihrer ersten Phase der Magersucht– für etwa zwei Wochen und eingeleitet durch ihre Lehrer - nahm sie durch den hohen Konsum von Alkohol wieder 10 kg zu. Seit sie die Finger vom Alkohol lässt, so sagt sie, ist sie gleichzeitig auch wieder in die Magersucht gerutscht. Sie hungere nicht nur, sie erbreche auch. Das erste Mal, als sie erbrach, war ihr „Schlüsselerlebnis". Seit dem ist ihr bewusst, dass etwas nicht stimmt, dass sie magersüchtig ist. Sie habe wohl auch schon professionelle Hilfe in einer ambulanten Therapie gesucht, die sie aber nach dem ersten Beratungstermin wegen „kalter Füße" abgebrochen hat.

Über die Folgen ihrer Magersucht berichtet sie bedrückt. Dennoch sagt sie, macht sie weiter und kann nicht aufhören, über das Essen nachzudenken. „Die Essstörung kontrolliert mein Leben" und damit meint sie nicht nur die unzähligen körperlichen Beschwerden, die sie mit monotoner Stimme aufzählt, als würde sie sie gar nicht wirklich realisieren: „Haarausfall, keine Periode mehr, ich friere ständig, meine Speiseröhre war schon oft entzündet – durch das ganze brechen halt, oft war ich im Krankenhaus, weil mein Immunsystem inzwischen so schwach ist, habe Probleme mit der Verdauung, über 15 Füllungen in den Zähnen, Knochen- und Gelenkschmerzen, Kreislaufprobleme und dort verhornte Haut wo die Knochen mal herauskamen...".

Auch die psychischen Folgen gewinnen immer mehr die Überhand über ihr Leben. Sie sagt, sie habe keine Freunde mehr, weil sie viele Einladungen von Freunden beispielsweise zum Shoppen, Party machen oder einfach zum „Zeit verbringen" ablehnt und sich immer mehr isoliert. Sie sagt, „das sind die Depressionen, die ich aufgrund meiner Magersucht habe". „Die Kraft fehlt einfach, irgendwo hinzugehen". „Ich weiß, dass ich meine gesamte Jugend verschwende, aber die Magersucht gibt mir eine Regelmäßigkeit am Tag und meine Angst wo anders zu sein ist so groß, weil ich dort vielleicht ungeplante Dinge essen müsste und nicht wüsste, wo ich sie los werden könnte. Deshalb kann ich auch nicht mit auf unsere Studienfahrt fahren". „Immerhin schaffe ich es regelmäßig in die Schule zu gehen".

Nach einer kurzen Pause sagt sie: „Meine Essstörung ist für mich meine persönliche Hölle und gleichzeitig gibt sie mir Halt. Manchmal gibt es Tage, an denen ich froh wäre, wenn ich einfach so tot umfiele. Ich habe zu viel Angst um mich selbst aktiv umzubringen, aber mir wäre es oftmals auch egal ob ich sterben würde. Teilweise habe ich dann auch noch die Hoffnung, dass ich die Krankheit irgendwann irgendwie loswerde. Viele Freunde habe ich verloren…"

Heute, erbricht und überfrisst sie sich nicht mehr so oft. Das sei sehr schädlich für den Körper, aber sie betont, dass sie bei ihrer letzten Therapie einen Rückzieher gemacht habe. Es geht ihr also noch nicht wirklich gut.

Auch wenn unsere wichtigsten Fragen damit noch nicht beantwortet wurden, fühlten wir uns sehr betroffen und für uns wurde es deutlich, dass so viel hinter einer Magersucht steckt, dass es niemals in Worte fassbar wäre und es wird uns immer klarer, warum viele Menschen einfach nicht verstehen, warum man hungert: Sie wissen nicht, welche Beweggründe dahinter stecken und welche Qual es für einen Magersüchtigen selbst ist, täglich durch die Hölle des Hungers zu gehen.

Auf die Fragen, die für den Flyer von großer Bedeutung sind, bekommen wir Antworten die wir befürchtet haben. Schon in unserer Umfrage klang oft durch, dass viele kein Verständnis für die Krankheit haben. Auch unsere Gesprächspartnerin musste unter dieser Verständnislosigkeit leiden und wir glauben, dass sie es mit etwas mehr Rückhalt aus ihrem Umfeld eher schaffen könnte, ihre Krankheit zu besiegen.

Ihre Eltern, sagt sie, verdrängen die Krankheit, obwohl sie es seit ihrem ersten Klinikaufenthalt wissen. Manchmal würden sie auch behaupten, dass die Lehrer ihrer Schule es nur gemacht hätten, um sie zu ärgern. Zwei ihrer Freundinnen wussten es auch, kamen aber mit ihrer Veränderung und vor allem der Isolation nicht klar und der Kontakt brach ab. Ein Freund bezeichnete sie als „Faule Socke", da sie immer weniger unternahm.

Die Menschen in ihrer Schule haben spöttisch reagiert und sie bemerkt, dass viele Beurteilungen von den Medien geprägt seien. „Denk dran, Ana ist nicht deine beste Freundin" durfte sie sich anhören. Eine Andeutung an die „Pro-Ana Blogs" aus dem Internet. Viele andere spöttische Bemerkungen ihrer Klassenkameraden haben sie sehr verletzt, weswegen sie auf ihrer neuen Schule keinem mehr von ihrer Essstörung erzählt hat und alles dafür tut, sie zu verstecken.

Auch ihre Eltern haben nicht verständnisvoller reagiert. Nach ihrem plötzlichen, von der Schule eingeleiteten, Klinikaufenthalt haben die Eltern kaum noch mit ihr darüber geredet. Wenn sie mal wieder Phasen hat, in der sie weniger isst, beginnen ihre Eltern mit Schuldzuweisungen und zeigen ihr, dass sie sich für ihr Äußeres schämen. Sie sagt, dass sie niemals wieder mit ihren Eltern über

Therapieversuche sprechen würde, da diese psychisch kranke Menschen für Hypochonder oder „bekloppt" halten.

Angemessen ist dies auf keinen Fall. Demzufolge wünscht sie sich von Außenstehenden ein ganz anderes Verhalten: „Unterstützung, Verständnis… Sätze wie ‚So schlimm ist das doch gar nicht' oder ‚Das bildest du dir ein! ' bringen nichts. Wenn man sich ‚einfach ein bisschen zusammenreißen' würde, so wie viele meinen, wären bestimmt nicht so viele Menschen essgestört. Denn Spaß macht es nicht gerade, 24 Stunden am Tag ans Essen und Nichtessen zu denken…"

Um später in unserem Flyer auf visueller Basis den Menschen erklären zu können, wie es im Inneren eines Magersüchtigen aussieht, würden wir gerne von ihr wissen, was die Ziele, der Halt in ihrer Krankheit sind. Welcher Grund so stark wiegt, dass man nicht mit dem Hungern aufhören kann. Die Antwort kam schnell und klar: „Anfangs wollte ich tatsächlich dünner werden. Mittlerweile ist mir egal, wie ich aussehe, mein Körper ist Mittel zum Zweck. Ich wäre Drogen- oder Alkoholabhängig, wenn nicht Magersüchtig. Es geht darum, dass ich ‚irgendwas' habe. Der Auslöser bei mir liegt vermutlich in der Kindheit, später wurde ich gemobbt… Alles andere habe ich wohl verdrängt." Sie hat auch eine „Definition", mit der sie versucht, uns zu erklären, was Magersucht – fernab von normalen Definitionen – für sie bedeutet. „Magersucht ist die Sucht danach, das Körpergewicht immer stärker zu kontrollieren. Dabei ist die Magersucht aber eine Illusion. Man hat die Illusion, die Kontrolle über alles zu haben, nur weil man selbst bestimmen kann, wie der Körper aussieht, dabei nimmt einem die Magersucht jegliche Kontrolle und Freiheiten. Die Magersucht ist für mich einfach nur eine psychische Krankheit, aber irgendwann wird sie auch zum Teil des Charakters, weil man sie so stark verinnerlicht. Und irgendwann fällt es einem auch schwer, sie gehen zu lassen, denn ich kann mir z. B. ein Leben ohne die Magersucht kaum mehr vorstellen."

Das Telefonat neigt sich zum Ende. Sie teilt uns mit, dass sie unser Projekt gut findet und sagt, dass man eine Menge für psychisch kranke Menschen tun kann, wenn man weiß, wie man richtig mit ihnen umgeht. Spott und Herunterspielen der Probleme, so wie sie es erleben musste, hilft niemandem. Dies hat uns sehr gefreut, da wir so sehen, dass auch eine Person, die akute Schwierigkeiten mit der Krankheit hat, klare Ansichten über wünschenswerte Hilfe hat, die sie sich auch sehr wünscht.

Unser Eindruck von dem Mädchen ist, dass sie sehr resigniert unsere Fragen beantwortet, sich bewusst ist, welchen Leiden sie sich unterzieht und dass es „nicht normal" ist und dennoch nicht von ihrer Magersucht loskommt. Sie hat unsere Fragen sehr offen beantwortet und schien sehr ehrlich zu sich selbst zu sein, auch wenn es zurzeit nicht so aussieht, als könne sie die Magersucht noch vor ihrem Abitur überwinden. Vor allem finden wir schade, dass sie in ihrem

Umfeld keinen Rückhalt bekommt, was uns aber weiterhin sehr motiviert unsere Arbeit fortzusetzen.

A2: Emails

A2.a: Erste Email-Antwort

1)   Vorgeschichte / Anfänge & Verlauf der Krankheit

Angefangen hat es damit, dass ich einfach übergewichtig war (68kg bei 1,62). Ich fands nich schön und bekam manchmal auch dumme Sprüche ab. Dann hab ich nen Jungen kennengelernt und ich wusste "So wie du jetzt bist, wirst du ihn nie kriegen". Ich wollte immer abnehmen und er war dann der Endauslöser. So verzichtete ich von heute auf morgen auf Süßigkeiten, auf Fleisch und auf Fast Food. Es fiel mir irgendwie garnicht schwer und dann merkte ich dass ich 2kg abgenommen hatte binnen 2 Wochen und dachte mir "Hey, du kannst das doch!".. und so gings weiter, und mein Ideal einer Frau steigerte sich ins Negative. Das heißt, je dünner die Frau, desto schöner. So steigerte ich mich unbewusst in die ganze Geschichte total rein und nahm ab und nahm ab und nahm ab. Irgendwann waren es 10kg, aber das war natürlich nicht genug. Es sollte weiter gehen, 15kg. 20kg, 25kg. Bis ich dann zusammengebrochen bin, ich ins Krankenhaus sollte, ich sehr sehr schlapp wurde und zur Therapie musste und natürlich zum Arzt. Da lag mein Gewicht bei 42kg. Ich habe es geliebt. Der Arzt gab mir 3 Monate um 5kg zuzunehmen. Ich hasste diesen Arzt. Jedenfalls nahm ich diese 5kg wohl oder übel in den letzten 2 verbliebenen Wochen zu. Sonst hätte ich in die Klinik gemusst und das wollte ich nicht. Irgendwann.. wurde mir bewusst dass es einfach hässlich und vor allem ungesund ist. Ich tastete mich langsam wieder ans Essen heran und irgendwann.. funktionierte es wieder. Bis heute.. ich liebe mich so wie ich bin, na klar.. es gibt immernoch Tagen an denen ich denke "boah siehst du feddich aus".. aber das sind nur sehr seltene Ausnahmen. Ich habe mich selbst akzeptiert, bin viel viel viel selbstbewusster geworden und ich kann heute sagen, dass ich gerne esse. Manchmal gibt es Tage oder Phasen, in denen ich mich wieder in die alte Zeit zurücksehne. Das hat mir damals so viel Kraft gegeben. Jedes abgenommene Kilo hat mich so glücklich gemacht.. so ein Gefühl hab ich bis heute nur einmal wieder gefühlt.

2)   Hast du registriert, dass du Magersüchtig bist? Wann wurde dir klar, dass du magersüchtig bist?

Das wusste ich relativ schnell.. Ich war nicht blöd. Meine Mitmenschen haben mich andauernd darauf aufmerksam gemacht wie dünn ich bin und ich selber konnte es ja an den Zahlen die auf der Waage standen, ablesen. Als ich bei ca 48kg lag, wusste ich es genau. Meine Welt drehte sich ja nur ums Essen.. wann esse ich, was esse ich, wann mache ich Sport, was fürn Sport, wie viel darf ich heute essen,... das war natürlich nicht normal und dass wusste ich ziemlich bald.

3) Welche Folgen hat / hatte die Krankheit für dich? Psychisch & Physisch
Körperlich: Ich bekam eine Schilddrüsenunterfunktion (was aber eher untypisch ist, da Magersüchtige eigtl, WENN, eine Überfunktion bekommen). Nun, jedenfalls diese Unterfunktion bekam ich, ich war schlapp, bekam meine Regel nicht, konnte schwere Sachen absolut nicht heben. Heute hab ich diese Unterfunktion nicht mehr, und bin gesund

Psychisch: Ich habe nur an Essen und Sport und ans Gewicht gedacht. Es fiel mir schwer mich auf die Schule zu konzentrien z.B. Meine damalige Lehrerin, die supertoll war/ist, hat andauernd mit mir geredet was ich damals als Belastung empfand. Heute bin ich ihr dankbar. Dann musste ich zur Therapie. Heute gehts mir auch in der Hinsicht wieder relativ gut, auch wenn ich sagen muss, dass ich diese Zeit, wie oben genannt, schon ab und an vermisse. Schließlich gabs mir ein super Gefühl. Aber nochmal so dünn sein.. nein, das möchte ich nicht.

4) **Gefühlszustand / innere Verfassung während Krankheit**
→ **Ziele, die man mit Magersucht erreichen wollte / will**
Glücklich sein. Einfach nur das Gefühl des Glücks spüren.. und das habe ich erreicht. Ich wollte irgendwelche Erfolgserlebnisse.. die mir bestätigten, dass ich etwas kann. Hungern. Ich konnte es, und es gab mir so ein Glücksgefühl..

→ **Woran hat man gedacht / was hat man verdrängt?**
Die ganzen Reaktionen haben mich irgendwie fertig gemacht. Andauernd kam irgendwer, vorallem meine Klassenlehrerin die selbst mal magersüchtig war, und wollte mit mir reden. Reden, reden, reden. "Du kannst deinen Eltern das nicht antun".. Fast jeden Tag. Das war hart, aber ich versuchte immer alles zu verdrängen und lies mich von meinem Weg nicht abbringen, ich wollte verdammt in den 30er-Bereich, 39,5. Das hätte mir gereicht und niemand sollte mich davon abbringen. Und natürlich hab auch gedacht.. was ist wenn du zu weit gehst? Willst den Tod in Kauf nehmen?.. Willst du riskieren dass du in eine Klinik gehst?.. Aber das war irgendwie nebensächlich. Das wollte ich irgendwie nicht richtig wahrhaben und habs so gut wies ging verdrängt.

→ **Eigene Definition von Magersucht? Reine Krankheit?**
Es gibt dieses Phänomen, dass sich Mädchen in die Magersucht treiben wegen der prominenten Vorbilder, aber das ist Quatsch. Da steckt immer was anderes dahinter. Irgendein Defizit mit sich selber, die Familie oder, was ich bei ner Freundin miterlebt hab, Mobbing in der Schule.

Magersucht wird dann zur Krankheit, wenn man nicht mehr aufhören kann, seinem eigenen Idealbild entgegenzulaufen. Wenn man einmal in diesem Strudel drinsteckt, ist es soo schwierig da wieder herauszukommen. Du hast 5kg geschafft, aber da ist dann kein Ende. Du willst mehr, mehr, mehr. Deine festgesetzte Grenze, bis wohin du abnehmen willst, geht immer weiter nach unten. Und du folgst dem, weil du nie wirklich zufrieden bist.

5) Wusste dein Umfeld, dass du magersüchtig bist? Wenn ja, ab / seit wann? Familie / Freunde – Unterschiedlich?

Ja, alle wussten es. Alle konnten es ja sehen.. sie wussten wie ich vorher aussehe und wie ich n 3/4 Jahre später aussah. Meine Familie hat es dann realisiert, als meine Lehrerin zum ersten Mal hier angerufen hat, nach ungefähr nem halben Jahr.. die Anrufe wurden häufiger und meine Eltern sind fast durchgedreht, vor Sorge natürlich. Meine Freunde.. ja bei denen war es etwa zeitgleich. Ich hatte in diesem 3/4 Jahr 20kg abgenommen und auch die konnten nich wegschauen. Sie sahen ja, dass ich in der Schule nix richiges aß. Nur Gurken. Jeden Tag Gurken.. nix anderes.

6) Reaktion des Umfelds (= Angehörige) -> Hilfe angeboten? Abweisend? Neutral?

Meine Lehrerin hat mir angeboten, mit mir zusammen zu einer Therapie zu gehen. Ich war dann auch mit ihr und meinem Vater da... das hat mir schon was gebracht. Sie ist wirklich ne Liebe und hat alles für mich getan damals. Meine Eltern wollten das ganze erst nicht so richtig wahrhaben, doch die Anrufe meiner Lehrerin wurden häufiger und häufiger und sie machten sich Sorgen. Aber was sollten sie tun.. mir Essen in den Mund stopfen? Nein.. das wäre der falsche Weg gewesen. Meine Mutter wurde dann irgendwann aggressiver und wollte mich unbedingt dazu bewegen, Filme über Magersüchtige zu gucken. Oder sie erzählte mir "Boah bist schon magersüchtig.. alle sprechen mich an"... sowas hat mir natürlich garnich geholfen. Ich hätte in der Hinsicht vielleicht mehr Unterstützung gebraucht.. aber auch sie waren noch nie in so einer Lage und deswegen nehme ich ihnen ihr Verhalten auch nicht übel.

7) Fandest du die Reaktion deines Umfelds angemessen?

Ja doch.. insbesondere von meiner Lehrerin, die mich wirklich sehr unterstütze (s.o.)..
Meine Familie hat das getan, was sie konnte. Natürlich waren meine Eltern noch nie in so einer Situation und wussten nicht wirklich, wie sie "richtig" mit mir umgehen sollten. Aber ich bin ihnen nicht böse im Nachhinein..

8) **Welche Reaktion / Art der Hilfe wäre für dich wünschenswert gewesen / ist für dich wünschenswert?**

Also die Unterstützung seitens der Schule war grandios. Im Nachhinein muss ich aber sagen, dass manche Sprüche einfach nicht hätten sein müssen von Familie, Freunden, ... Das hat mich immer traurig gemacht und mich belastet. Und vorallem: Niemals krampfhaft Essen anbieten, ich habe das gehasst. Man sollte dem "Kranken" niemals damit aufziehen, mit seiner Magersucht.. sondern versuchen ihm zu helfen, soweit es geht. Was mit ihm unternehmen, ihn zum Lachen bringen, ihn (wenn derjenige eine Bezugsperson ist) fragen ob er Hilfe braucht.. in welcher Form auch immer.

9) Stand der Dinge heute? Therapie? Noch krank?

Ich bin wieder völlig gesund, hab meine Therapie inzwischen abgebrochen und lebe ganz normal. Bin selbstbewusster geworden, gehe auf Menschen zu und liebe mein Leben. Wie gesagt: Ich sehne mich ab und zu mal danach, wieder so wie früher zu leben.. aber das ist sehr selten und heute bin ich kann ich sagen, dass ich mein Leben liebe und mich so akzeptiere wie ich bin.

10) Was du noch zu diesem Thema zu sagen hast / was dich bewegt.
Ich denke, es ist alles gesagt

A2.b: Zweite Email-Antwort

1) Vorgeschichte / Anfänge & Verlauf der Krankheit

Der Anfang ist kompliziert...Es fing alles ganz langsam an, eine „normale Diät"..Okay, wer macht schon mit 13 noch nicht eine Diät..Irgendwann ging es nicht mehr schnell genug und ich begann mich nach den Mahlzeiten zu übergeben, bis ich auf 38kg war und endgültig in eine Klinik kam. Doch bevor ich da ankam hatte ich schon einen Monat eine ambulante Therapie gemacht, die mir nichts brachte, da ich es als „unnötig" empfand.

2) Hast du registriert, dass du Magersüchtig bist? Wann wurde dir klar, dass du magersüchtig bist?

Ja und nein. Man weiß, dass das was man macht nicht richtig ist. Aber sobald man einmal drin ist, kommt man nicht mehr so leicht da raus, da es zu Gewohnheit, zur Normalität wird. Man ist gefangen in einem Teufelskreis. Um aus diesem hinaus zu kommen, bedarf es an viel Kraft. Mir selbst wurde es erst knapp ein Jahr nach dem Klinikaufenthalt richtig bewusst, da ich da einen meiner schlimmsten Rückfälle hatte, wo ich wusste, dass es so nicht weiter gehen darf. Aber auch so einen Gedanken wegzuschieben fiel/fällt mir nicht mehr besonders schwer.

3) Welche Folgen hat / hatte die Krankheit für dich? Psychisch & Physisch

<u>Körperlich:</u> Ich kann keine Kinder mehr bekommen, trotz „Pille" bleibt meine Regel aus. Ich bekomme schnell Hämatome. Mein Blutdruck ist sehr niedrig. Mein Immunsystem ist sehr schwach

<u>Psychisch:</u> Weitere starke Depressionen. Immer noch Essstörung. Selbstverletzendes Verhalten. Angstzustände. Geringes Selbstbewusstsein

4) Gefühlszustand / innere Verfassung während Krankheit

→ **Ziele, die man mit Magersucht erreichen wollte / will**

Es ist dieser Drang, dass du perfekt sein willst. Ich zum Beispiel denke, dass ich mich hauptsächlich durch Aussehen interessant machen kann. Das Essen ist mein Feind, genauso wie mein Spiegel. Ich kann mich durch „nicht essen" belohnen, wie auch gleichermaßen bestrafen

→ **Woran hat man gedacht / was hat man verdrängt?**

Ich habe jegliche Warnsignale meines Körpers ignoriert. Ich bin teilweise am Tag 3mal zusammengeklappt, doch es war mir egal, da mir die Aufmerksamkeit (in einer gewissen Art und Weise) und das „schön sein" wichtiger war.

→ **Eigene Definition von Magersucht? Reine Krankheit?**

Meiner Meinung nach ist es keine reine Krankheit. Um Magersucht zu bekommen, müssen meiner Meinung nach viele verschiedene Faktoren gleichzeitig aufeinander treffen. Bei mir zum Beispiel waren es: Trennung meiner Eltern, schlechter Kontakt zum Vater, Stress in der Schule, Angst, niedriges Selbstbewusstsein und auch die Pubertät.

5) Wusste dein Umfeld, dass du magersüchtig bist? Wenn ja, ab / seit wann? Familie / Freunde – Unterschiedlich?

Es gab immer Leute, die es sich dachten. Manche reagierten schockiert.. Andere, wie meine Oma, verständnislos. In dieser Zeit kristallisierten sich dann auch meine „wahren" Freunde heraus.

6) Reaktion des Umfelds (= Angehörige) -> Hilfe angeboten? Abweisend? Neutral?
–

7) Fandest du die Reaktion deines Umfelds angemessen?
–

8) Welche Reaktion / Art der Hilfe wäre für dich wünschenswert gewesen / ist für dich wünschenswert?

Bessere Klinikaufenthalte! Wenn ich bedenke, wie leicht es war trotz ständiger Überwachung immer noch abzunehmen, wäre es doch wünschenswert, dass es in Kliniken, gerade für Jugendliche, bessere Kontrolle und Unterstützung gebe. Genauso bin ich auch der Meinung, dass meine damalige Schule mich anders hätte behandeln müssen. Das heißt, dass sie mich nicht wie eine „Aussätzige" hätten behandeln sollen. Denn das war demütigend und schmerzhaft und hat mich in meinem Therapieversuch damals bestimmt nicht unterstützt. Dennoch wünsche ich mir auch Freiheit.

Viele in meinem Umfeld neigen dazu mich in allem kontrollieren zu wollen. Bei jeder Mahlzeit und so weiter. Im Grunde genommen, kann ich nur Hilfe annehmen, wenn ich auch hundert prozentig will. Außerdem brauchte/brauche ich auch Zeit. Zeit für mich. Um alles was geschehen ist Revue passieren zu lassen. Um weinen zu können wenn ich will.

9)   Stand der Dinge heute? Therapie? Noch krank?

Im Moment mache ich die 9. Therapie. Jedoch immer noch bei der gleichen Therapeutin. Diese ziehe ich jetzt auch seit fast einem Jahr durch. Ich gehe noch einmal die Woche, da ich weiß, wie labil ich bin. Da auch im letzten Jahr viel passiert ist, weiß ich, dass ich ohne Kontrolle wahrscheinlich noch viel tiefer in der Sucht stecken würde.

Also geheilt gelte ich noch lange nicht, da ich in Stresssituationen sofort (vor allem unterbewusst!) wieder stark abnehme und sich auch mein selbstverletzendes Verhalten eigentlich fast gar nicht eingeschränkt hat...Es tut weh das zu wissen, aber irgendwie nicht ändern zu können, ändern zu wollen.

10)   Was du noch zu diesem Thema zu sagen hast / was dich bewegt.

‒

A2.c: Dritte Email-Antwort

1)   Vorgeschichte / Anfänge & Verlauf der Krankheit

So einen richtigen Zeitpunkt wann die Krankheit begann kann ich gar nicht nennen...es gab also keinen bestimmten oder für mich bewussten Auslöser dafür. Es begann eher schleichend damit, dass ich mir mehr und mehr Gedanken über das Essen gemacht habe, angefangen habe mich regelmäßig zu Wiegen. Ich habe von Tag zu Tag immer weniger gegessen, manche Lebensmittel wie z.B. Butter komplett weggelassen. Auch getrunken habe ich am Tag nicht mehr als 500 ml, ausschließlich Wasser.

2)   Hast du registriert, dass du Magersüchtig bist? Wann wurde dir klar, dass du magersüchtig bist?

Im Grunde war mir eigentlich von Anfang an bewusst das ich ein Problem habe. Auch wenn ich schon immer sehr schlank war, habe ich selbst gemerkt das die Gedanken die ich mir mache nicht normal sind. Ich habe mich dann selbst mit dem Thema Magersucht auseinandergesetzt um rauszufinden ob ich tatsächlich krank bin. Das alles wollte ich mir allerdings nicht vor anderen eingestehen, ich machte all das heimlich. Natürlich ist meiner Familie und meinen Freunden aufgefallen das etwas nicht stimmt und ich wurde von ihnen öfter darauf angesprochen. Meine Mutter ist einmal mit mir zum Arzt gegangen, aber die meisten haben sogut wie keine Ahnung von der Sache.. Es gab dann immer wieder Phasen in denen es besser ging. Irgendwann aber setzte wieder eine schlechte Phase ein, in der mich dann eine Freundin ganz sanft darauf ansprach. Irgendwann habe ich eingesehen das es ohne professionelle Hilfe nicht weitergeht und bin erneut mit meiner Mutter zum Arzt (seitdem letzten Mal waren etwa 2 Jahre vergangen). Dieser stellte dann die Diagnose Magersucht und überwies mich zu einer Therapeutin.

3)   Welche Folgen hat / hatte die Krankheit für dich? Psychisch & Physisch

Die psychischen und physischen Folgen der Krankheit waren enorm groß. Durch das Hungern fehlte mir einfach die Kraft. Ich konnte mich zu nichts aufraffen, hatte auf nichts mehr Lust, an nichts mehr Freude. Es war kein normales Leben mehr möglich. Egal wo man hinkommt, man ist so gut wie immer mit Essen konfrontiert. Es macht einen traurig zu sehen, wie normal es für andere ist zu essen und was für eine Qual es für einen selbst ist. Um solche Situationen zu umgehen, habe ich mich oft zurückgezogen. Alles wurde von Tag zu Tag anstrengender, selbst das Treppensteigen wurde irgendwann zu anstrengend. Man fühlt sich irgendwann wie inmitten eines riesen Müllhaufens aus dem man nicht hinauskommt. Es ist ein täglicher Kampf mit sich selbst. Man fühlt sich einfach leer und ich hatte das Gefühl einfach nicht ich selbst zu sein.

4)   **Gefühlszustand / innere Verfassung während Krankheit**
→   **Ziele, die man mit Magersucht erreichen wollte / will**
→   **Woran hat man gedacht / was hat man verdrängt?**
→   **Eigene Definition von Magersucht? Reine Krankheit?**

Ich habe mir im Grunde kein Ziel gesetzt mit dieser Krankheit, schließlich habe ich mir sie nicht ausgesucht. Irgendwann hat sich alles verselbständigt, das Zielgewicht habe ich immer niedriger gesetzt. Alle Gedanken haben sich irgendwann nur noch ums Essen oder Nichtessen gedreht..Im Unterbewussten war es denke ich eine Art von Kontrolle ausüben. Ich denke das es bei der Magersucht oft darum geht. Oft sind es ja auch sehr perfektionistische Menschen die diese Krankheit haben.

5)   Wusste dein Umfeld, dass du magersüchtig bist? Wenn ja, ab / seit wann? Familie / Freunde – Unterschiedlich?

Meine Familie und meine Freunde wussten so ziemlich von Anfang an von der Krankheit, da ich eingesehen habe das sich nur was ändern kann, wenn ich offen mit der Sache umgehe.

6)   Reaktion des Umfelds (= Angehörige) -> Hilfe angeboten? Abweisend? Neutral?

All diejenigen die davon erfahren haben, haben sehr positiv und verständnisvoll reagiert. Natürlich ist es für jemanden der diese Krankheit nicht selbst erlebt schwer nachzuvollziehen was derjenige fühlt. Aber sie haben es akzeptiert und versucht zu verstehen. Haben mir keine Vorwürfe gemacht, sondern das Ganze als Krankheit angesehen und mich so gut es ging unterstützt. Es gab natürlich auch mal Tage an denen der ein oder andere verzweifelt war und dadurch wütend auf mich war. Aber ich konnte es verstehen, man kann in so einer Situation nicht immer nur verständnisvoll sein. Ich denke das viele durch die Hilflosigkeit sehr verzweifeln.

7)   Fandest du die Reaktion deines Umfelds angemessen?
      –

8)   Welche Reaktion / Art der Hilfe wäre für dich wünschenswert gewesen / ist für dich wünschenswert?

Ich finde es auf jeden Fall wichtig jemanden bei dem der Verdacht besteht eine Magersucht zu haben offen, aber dennoch sanft darauf anzusprechen. Viele fühlen sich denke ich "ertappt" und blocken erstmal ab, deshalb ist es sehr wichtig das mit viel Feingefühl zu machen. Vor allem sollte man nicht mir irgendwelchen Vorwürfen kommen wie z.B." Warum tust du uns sowas an, was haben wir dir denn getan?" oder jemanden zum Essen zwingen. Ich denke dieser Druck bewirkt genau das Gegenteil, da sich Magersüchtige diesen schon mehr als genug selber machen.

9)   Stand der Dinge heute? Therapie? Noch krank?

Ich kann sagen ich bin geheilt, auch wenn ein Rückfall natürlich nie ausgeschlossen werden kann. Aber ich habe durch die ganze Sache so viel über mich selbst herausgefunden und weiß wie ich mit mir selbst umgehen muss, damit es mir nicht schadet. Natürlich habe ich auch heute noch ab und zu mal Tage an denen ich mich nicht wohlfühle in meinem Körper, aber das alles in einem normalen Maß in dem es jede andere Frau auch hat.

10)   Was du noch zu diesem Thema zu sagen hast / was dich bewegt.

Ich würde mir wünschen, dass die Menschen endlich verstehen das es sich bei der Magersucht um eine ernsthafte Krankheit handelt und es dabei nicht darum geht irgendeinem Model oder sonstwas nachzueifern. Man sucht sich diese Krankheit nicht aus, sie entsteht einfach, es ist nicht irgendeine Modeerscheinung.

Was ich auch immer schlimm finde, ist von Ärzten oder manchen Therapeuten erzählt zu bekommen diese Krankheit begleitet einen ein Leben lang. Wenn man jemand so etwas einredet ist es sicherlich so. Aber wie schon in der Frage davor geschrieben, würde ich mich als geheilt bezeichnen.

ANHANG IV

Erstellen des Flyers

A1: Flyerdummie

A1.a: „Flyerdummie" Außen:

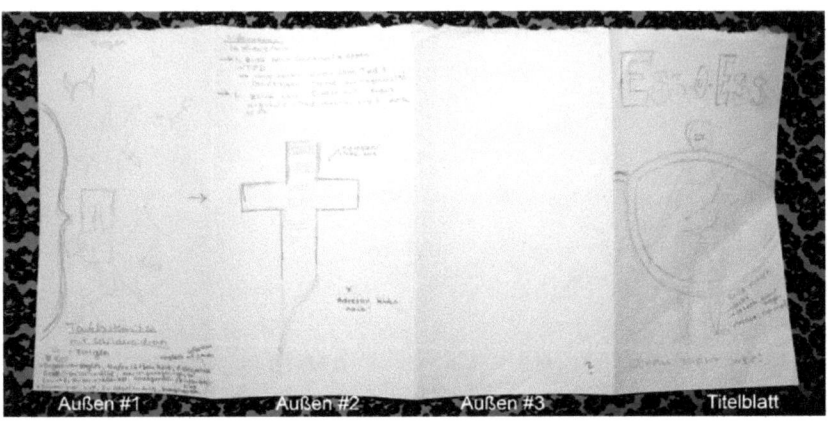

A1.b: Flyerdummie" Innen:

Der „Flyerdummie" ist auf Anfrage auch original einsehbar.

A2: Visuelle Dokumentation unseres Fotoshootings

Unser Interesse für das Fotoshooting und die Gestaltung der verschiedenen Infoseiten war enorm, daher möchten wir den Prozess unserer Fotostrecke niemandem vorenthalten.

Alle Fotos, die wir gemacht haben, sind in einer viertägigen Fotoshooting-Reihe vom 12. – 15. Oktober in den Herbstferien 2009 in Polch und Umgebung entstanden. Auf der nächsten Seite zeigen wir einige Fotos, die einen Blick hinter die Kulissen erlauben. Die Zeit der Bildbearbeitung hat sich aufgrund des doch sehr hohen Arbeitsaufwandes bis zum Abgabetermin des Flyers hingezogen.

A2.a: Tag 1 – „Face"-Shooting

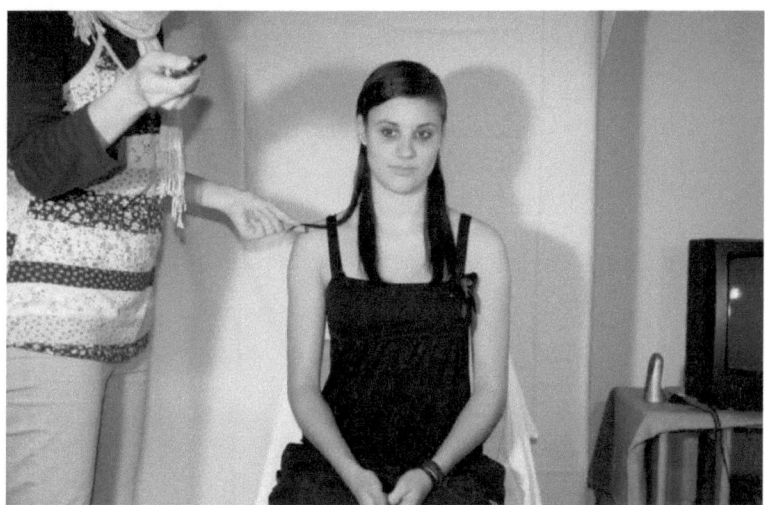

Wir beide während des „Face" Shootings. Auf diesem Bild fotografierten wir die Strähne, die der Engel später streicheln würde.

A2.b: Tag 2 – Shooting „Engelchen & Teufelchen"
Unser „Home-Studio"

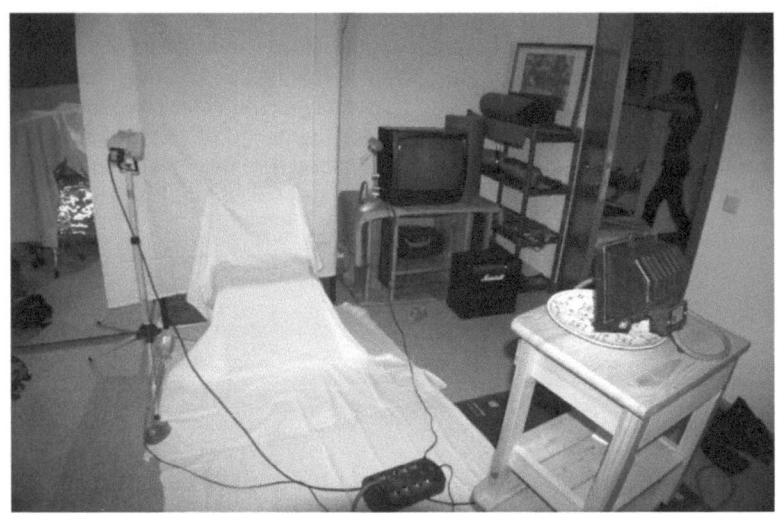

A2.c: Tag 2- Shooting „Engelchen & Teufelchen"
„Teufelchen"

A2.d: Tag 2 – Shooting „Engelchen & Teufelchen"
„Engelchen"

A2.e: Tag 3 – Shooting „Spiegelbild"

Festlegung der Position für das Spiegelbild

A2.f: Tag 4 – Shooting „Hilfe" und „Titelbild"
       Auf der Suche nach der besten Umgebung für das Titelbild auf den
       Feldwegen um Polch herum

A2.g: Tag 4 – Shooting „Hilfe" und „Titelbild"
       Suche nach einem geeigneten Platz für das „Hilfe"-Foto

A3: Vorher / Nachher: vom Foto zur fertigen Flyerseite

A2.b   *Was bedeutet Anorexia Nervosa?*

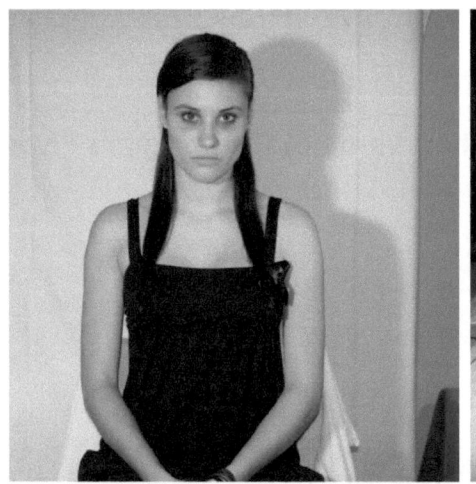

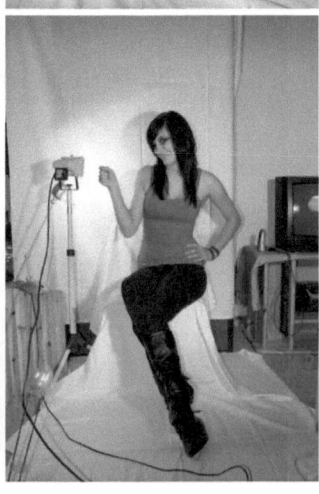

A2.c   *Anzeichen*

A2.d   *Was kann ich tun?*

9

Folgen

A2.e   Folgen

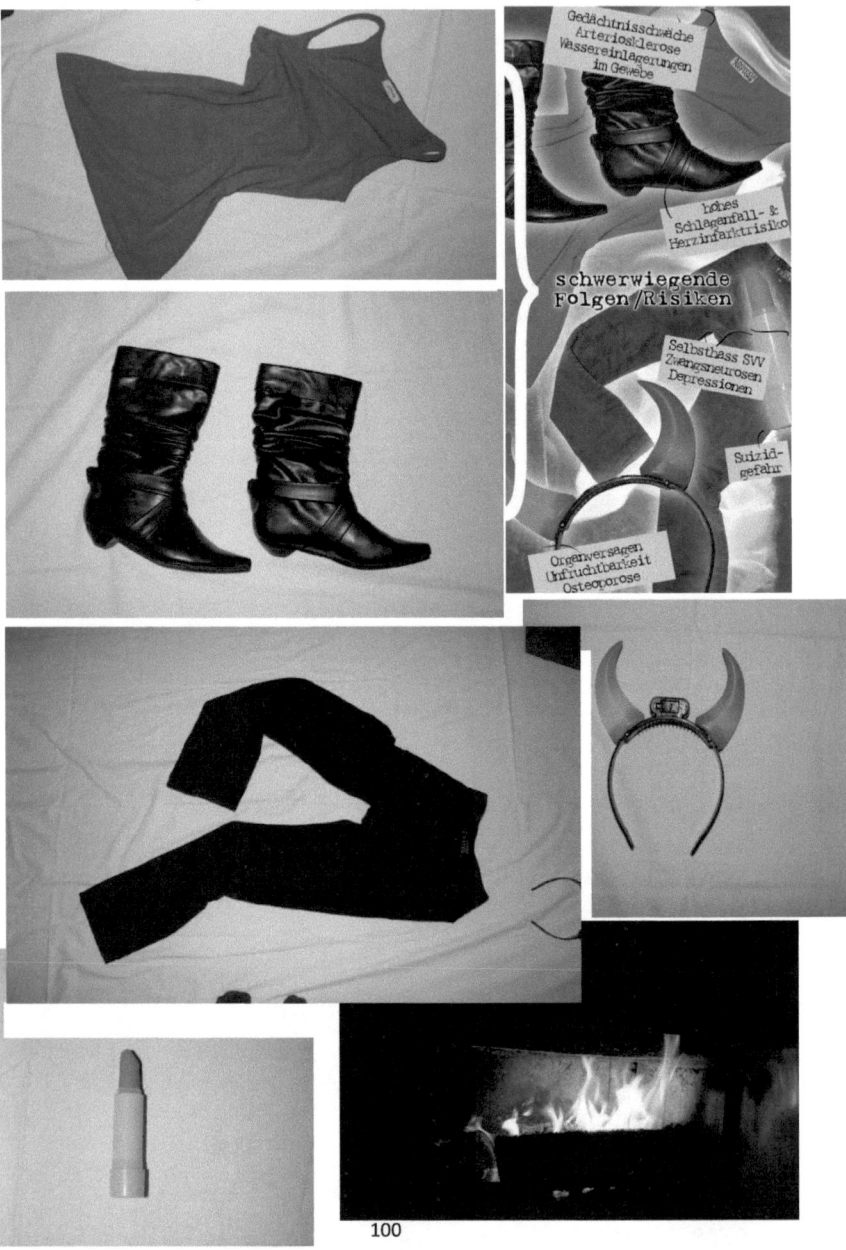

Literaturverzeichnis

Artikelpedia.com (2009): Bulimie/magersucht. URL:
http://www.artikelpedia.com/artikel/biologie/8/bulimiemagersucht86.php (19.10.2009)

Bigalke, Franziska (2009): Magersucht – Wie wir sie erkennen und was wir dagegen tun
können. URL: http://www.trutv.de/artikel/magersucht/ (18.10.2009)

Bortz, Jürgen / Döring, Nicola (2002): Forschungsmethoden und Evaluation für Human-
und Sozialwissenschaftler, S.254.

Breitbarth, Heiko (2009): Bevölkerungsdaten von Koblenz. URL:
http://www.koblenz.de/verwaltung_politik/k10stat_statistische_informationen.html
(02.08.2009)

Brühlmeier, Arthur (2004): Die Psychoanalyse Sigmund Freuds. URL:
http://www.bruehlmeier.info/freud.htm (28.10.2009)

Bundeszentrale für gesundheitliche Aufklärung (2009a): Essstörungen, Magersucht,
Hätten Sie's gewusst…? URL: http://www.bzga-
essstoerungen.de/essstoerungen/magersucht/haetten_sies_gewusst.htm (19.09.2009)

Bundeszentrale für gesundheitliche Aufklärung (2009b): Essstörungen, Magersucht,
Typisch für Magersucht. URL: http://www.bzga-
essstoerungen.de/essstoerungen/magersucht/index.htm (18.10.2009)

De Gruyter, Walter (2004a): unter „Anorexie", Pschyrembel, Klin. Wörterbuch, 260.
Auflage, S. 88-89

De Gruyter, Walter (2004b): unter „Bulimie", Pschyrembel, Klin. Wörterbuch, 260.
Auflage, S. 272

De Gruyter, Walter (2004c): unter „psychogene Essstörungen" Pschyrembel, Klin.
Wörterbuch, 260. Auflage, S. 535

Deutscher Ärzte-Verlag GmbH (2007): Leitlinien zur Diagnostik und Therapie von
psychischen Störungen, 3. Auflage 2007, S.118

Eigler, Beate (2007): Bulimie (Ess-Brech-Sucht). URL:
http://www.netdoktor.de/Krankheiten/Bulimie/ (02.09.2009)

Enders, Gisela (1999): Entwicklung von Schönheitsidealen. URL:
http://www.sizexpert.de/specials/clients/tips/sizespecial/enders/ideal.html (21.9.09)

Farbe.com (2009): Die Farbe Violett. URL: http://www.farbe.com/violett.htm (5.11.2009)

FOCUS (2006): Hilfeschrei der Seele: MAGERSUCHT. URL: http://www.focus.de/schule/familie/familie-hilfeschrei-der-seele-magersucht_aid_231636.html (20.09.2009)

Gawlik, Wolfgang (2009): Therapie von Magersucht, Wie wird Anorexie behandelt. URL: http://www.magersucht-online.de/therapie.htm (15.10.2009)

Genu-Vertrieb (2009): Magersucht und Bulimie - was Sie unbedingt wissen sollten. URL: http://www.selbstschutz-fibel.de/suchtgefahr-magersucht-bulime.html (22.10.2009)

Gerlinghoff, Monika/ Backmund, Herbert (2004a): Wege aus der Essstörung, S.30f

Gerlinghoff, Monika/ Backmund, Herbert (2004b): Wege aus der Essstörung, Die Ursachen der Essstörung, Familiäre Einflüsse, S.68f

Gesundheitsseiten24 GmbH (2009): Magersucht, Psychische Folgen der Magersucht. URL: http://www.gesundheitsseiten24.de/menschliche-psyche/essstoerungen/magersucht/folgen.html (13.10.2009)

Grigull, Paula (2009): Definition – Ursachen – Folgen – Beratungsansätze, Punkt 2.2 Ursachen der Magersucht. URL: http://www.jugendberatung-bib.de/essstoerung.htm (03.10.2009)

Groh, Jan (2009): Anorexie / Magersucht, Symptome. URL: http://www.lifeline.de/cda/krankheiten_a-z/krankheitenlexikon/content-206954.html?page=3 (13.10.2009)

Gutknecht, C. (2008): „Essen und Trinken hält Leib und Seele zusammen." URL: http://www.zitate-online.de/sprichwoerter/altvaeterliche/4663/essen-und-trinken-haelt-leib-und-seele-zusammen.html (17.11.2009)

Happel, Simone (2009a): Definition Essstörungen, Bulimie. URL: http://www.lebenshungrig.de/index.php?id=14,0,0,1,0,0 (02.09.2009)

Happel, Simone (2009b): Definition Essstörungen, Bulimie. URL: http://www.lebenshungrig.de/index.php?id=16,0,0,1,0,0 (08.10.2009)

Harrach, Kathrin (2009a): Die Folgen der Sucht, Körperliche Schädigungen. URL: http://www.magersucht.de/krankheit/folgen.php (09.10.2009)

Harrach, Kathrin (2009b): Die Krankheit Magersucht in Zahlen. URL: http://www.magersucht.de/krankheit/zahlen.php (19.08.2009)

Harrach, Kathrin (2009c): Ursachen der Magersucht, Psychoanalytische - Triebtheoretische Erklärung. URL: http://www.magersucht.de/krankheit/ursachen.php (03.09.2009)

Harrach, Kathrin (2009d): Ursachen – Familiendynamisches Modell. URL: http://www.magersucht.de/krankheit/familiendynamik.php (28.09.2009)

Harrach, Kathrin (2009e): Ursachen – Familiendynamisches Modell, Gerechtigkeitssinn. URL: http://www.magersucht.de/krankheit/familiendynamik.php (29.09.2009).

Herpertz-Dahlmann, B. (2006): Essstörungen (F50), Interventionen, Hierarchie der Behandlungsentscheidungen und Beratung. URL: http://www.uni-duesseldorf.de/awmf/ll/028-011.htm (18.10.2009)

Hopfner, Karin/ Ölz, Ramona (1998): Welt der Biologie, Humanbiologie, Anorexie und Bulimie. URL: http://www.bio.vobs.at/human/h-bulimie.htm (30.08.2009)

imedo GmbH (2009): Generation Essstörung: Gefahren für die Wohlstandsgesellschaft. URL: http://www.prcenter.de/Generation-Essstoerung-Gefahren-fuer-die-Wohlstandsgesellschaft.81024.html (07.09.2009)

Jacob, Thomas (2009): Himmel und Erde. URL: http://www.derkleinegarten.de/600_grab/640_symbole/grabmal_denkmal_symbol_baum_ygdrassil_weltenbaum_lebensbaum_lebens.htm (5.11.2009)

Karmasin, Fritz (2009): Stichprobe. URL: http://www.gallup.at/kma/index.php?option=com_content&task=view&id=101&Itemid=74 (02.08.2009)

Klinik am Korso gGmbH (2009): Über Essstörungen, Bulimia Nervosa. URL: http://www.klinik-am-korso.de/ueber_essstoerungen_bulimie.htm (23.9.09)

Kreisverwaltung Mayen-Koblenz (2005): Einwohnerzahlen im Landkreis. URL: http://www.kvmyk.de/r_landkreis/junger_landkreis/einwohner/einwohner.htm (12.10.2009)

Kunz, Simone (2008): Pro Ana, Hungern bis zum Ende. URL: http://www.focus.de/gesundheit/ratgeber/psychologie/essstoerungen/pro-ana-hungern-bis-zum-ende_aid_339589.html (29.07.2009)

Liedvogel, Miriam (2009a): Grundlagen und Ursachen für Magersucht, Biologische Einflüsse. URL: http://www.magersucht-online.de/ursachen.htm (27.07.2009)

Liedvogel, Miriam (2009b): Grundlagen und Ursachen für Magersucht, Gesellschaftliche Einflüsse. URL: http://www.magersucht-online.de/ursachen.htm (28.09.2009)

Liedvogel, Miriam (2009c): Grundlagen und Ursachen für Magersucht, Psychologische Einflüsse. URL: http://www.magersucht-online.de/ursachen.htm (27.09.2009)

Liedvogel, Miriam (2009d): Magersucht – Online, Hinweise auf Magersucht, Symptomatik, Anzeichen für Anorexie. URL: http://www.magersucht-online.de/anzeiche.htm (19.08.2009)

Liedvogel, Miriam (2009e): Magersucht – Online, Hinweise auf Magersucht, Symptomatik, Körperliche Veränderungen. URL: http://www.magersucht-online.de/anzeiche.htm (10.10.2009)

Mayer, Karl (2009): Psychiatrisch, Anorexie/Bulimie. URL: http://www.neuro24.de/e_st_rungen.htm (20.08.2009)

MCP Wolff GmbH (2009): Essstörungen, Essverhalten von Magersüchtigen, Magersucht: Warum Magersüchtige an ihrem gestörten Essverhalten festhalten, Neue Therapieansätze durch Hirnforschung. URL: http://www.arzt-aspekte.de/09/08/essstoerungen/magersucht.html (22.10.2009)

Metzner, Michael (2006): Essstörungen, Formen, Auswirkungen und Unterstützungsmöglichkeiten. URL: http://www.leerheit.de/Arbeiten/Essstoerungen.pdf, S.49 (23.08.2009)

Mohr, Bernhard (2009): Magersucht (Anorexia nervosa). URL: www.bosch-bkk.de/content/language1/html/3384.htm (11.10.2009)

Molecular Psychiatry (2002), Band 7, Nr. 6, S. 652 – 657

Monks - Ärzte im Netz GmbH (2009): Frauenärzte im Netz, Ihre Experten für Frauengesundheit, Magersucht, Prognose & Verlauf. URL: http://www.frauenaerzte-im-netz.de/de_magersucht-prognose-verlauf_514.html (20.08.2009)

Mück, Herbert (2005): Sexueller Missbrauch löst Essstörungen aus, Frühere Untersuchungen bestätigen Forschungsergebnis. URL: http://www.dr-mueck.de/HM_Essstoerungen/Sexueller_Missbrauch_Essstoerungen.htm (13.09.2009)

Narciß, Christa/ Narciß, Georg (1972): Knaurs Buch der Gesundheit, S.619

Novafeel GmbH (2005): Anorexie nervosa (Magersucht), Wie kann man Magersucht behandeln? URL: http://www.novafeel.de/ernaehrung/anorexie.htm (18.10.2009)

Palme, Gunborg (2004): Statistik zur Anorexia nervosa - Häufigkeit der Magersucht (Anorexia nervosa). URL: http://www.web4health.info/de/answers/ed-dia-anorexia-character.htm (07.09.2009)

Philippi, Natalie (2009): Magersucht, Seelische Folgeschäden. URL: http://www.lindenstrasse.de/lindenstrasse/lindenstrassecms.nsf/x/5544F1D933E9587BC1 256C630040B0EF?OpenDocument&par=pg06 (13.10.2009)

Pichler, Johannes (2007): Magersucht – Ursachen. URL: http://www.netdoktor.de/Krankheiten/Magersucht/Ursachen/ (27.07.2009)

Sattler, Michael/ Geppert, Sven (2009): Hilfe bei Magersucht, Behandlung von Magersucht. URL: http://www.magersucht24.de/magersucht-hilfe/behandlung-magersucht.htm (15.10.2009)

Schick, Regina / Von der Eltz, Christiane (2009): Magersucht – Bulimie. URL: http://www.meine-gesundheit.de/magersucht.0.html (28.09.2009)

Schumann (2006a), Repräsentative Umfrage, Wissenschaftstheoretische Vorbemerkungen 4. Auflage, S.1

Schumann (2006b), Repräsentative Umfrage, Wissenschaftstheoretische Vorbemerkungen 4. Auflage, S.13

Schumann (2006c), Repräsentative Umfrage, Das Umfrageinstrument, Fragebogenformulierung und Fragebogenkonstruktion, 4. Auflage, S.56-57

Schumann (2006e), Repräsentative Umfrage, Das Umfrageinstrument, Fragebogenformulierung und Fragebogenkonstruktion 4. Auflage, S. 68-71

Schumann (2006f), Repräsentative Umfrage, Das Umfrageinstrument, Fragebogenformulierung und Fragebogenkonstruktion 4. Auflage, S. 75

Schumann (2006h), Repräsentative Umfrage, Stichproben, 4. Auflage, S.84

Schumann(2006d), Repräsentative Umfrage, Das Umfrageinstrument, Fragebogenformulierung und Fragebogenkonstruktion 4. Auflage, S. 59-67

Schumann(2006g), Repräsentative Umfrage, Das Umfrageinstrument, Fragebogenformulierung und Fragebogenkonstruktion 4. Auflage, S. 76

Springer Medizin (2007): Ess-Störungen - Wie lässt sich Magersucht heilen?URL: http://www.lifeline.de/cda/content-128153.html (18.10.2009)

Thissen, Frank (2000): Screen Design Handbuch, S. 136

Vandereycken, W./ Meermann, R. (2003): Informationsschrift zur Anorexie oder „Magersucht". URL: http://www.ahg.de/AHG/Standorte/Bad_Pyrmont/Container_Ressourcen/Schriftreihe_Info material/21_K003-Info_Magersucht.pdf , 2. Auflage 2003, S.2 (24.09.2009)

Vitanet GmbH (2007): Gesundheitliche Folgen der Magersucht. URL: http://www.vitanet.de/ernaehrung/essstoerungen/magersucht/folgen/ (10.10.2009)

Weiland, Dr. med. Fabian/ Waitz, Dr. med. Martina (2009): Magersucht Ursachen. URL: http://www.onmeda.de/ratgeber/ernaehrung/essstoerungen/magersucht-ursachen-gesellschaftliche-einfluesse-11892-5.html (28.07.2009)

Wnendt, Enrico (2008): Magersucht. URL: http://www.bmi-rechner.net/magersucht.htm (08.10.2009)

Zipfel, Stephan / Prof Herzog, Wolfgang (2009): Von der Sucht, mager zu sein. URL: http://www.uni-heidelberg.de/presse/ruca/ruca3_2000/zipfel-herzog.html (19.08.2009)